含纯发节点的无线传感网和 Ad Hoc 网关键技术研究及应用

田传耕 著

中国矿业大学出版社

·徐州·

图书在版编目(C I P)数据

含纯发节点的无线传感网和 Ad Hoc 网关键技术研究及

应用／田传耕著． — 徐州：中国矿业大学出版社，

2023.12

ISBN 978 - 7 - 5646 - 4236 - 5

Ⅰ．①含… Ⅱ．①田… Ⅲ．①无线电通信－传感器－

计算机网络－研究 Ⅳ．①TP212

中国国家版本馆 CIP 数据核字(2023)第 248621 号

书　　名	含纯发节点的无线传感网和 Ad Hoc 网关键技术研究及应用
著　　者	田传耕
责任编辑	仓小金
出版发行	中国矿业大学出版社有限责任公司
	(江苏省徐州市解放南路　邮编 221008)
营销热线	(0516)83885370　83884103
出版服务	(0516)83995789　83884920
网　　址	http://www.cumtp.com　E-mail:cumtpvip@cumtp.com
印　　刷	徐州中矿大印发科技有限公司
开　　本	787 mm×1092 mm　1/16　印张 8　字数 205 千字
版次印次	2023 年 12 月第 1 版　2023 年 12 月第 1 次印刷
定　　价	46.00 元

(图书出现印装质量问题,本社负责调换)

前　言

无线传感器网络（Wireless Sensor Network，WSN）中的传感器节点一般具有收发双向通信功能，但是在一些应用中，采用纯发节点能显著节省部署成本和降低节点能耗。与收发节点相比，纯发节点无法接收和检测无线电信号，这使得大量的针对收发节点设计的通信协议不能简单套用，而且由于纯发节点无法协调发射时机，信号碰撞很难避免。本书将此类传感器网络称为含纯发节点的无线传感器网络，按拓扑结构分为单跳网络和混合网络。

本书将含纯发节点的无线传感器网络的研究现状进行了归纳分析，同时介绍纯发送工作方式在超宽带通信中的相关研究。重点研究了含纯发节点的无线传感器网络媒体接入控制层（MAC）协议和网络层协议，主要就防碰撞、压缩感知应用模型、多信道工作方式和簇首负载均衡等关键技术问题展开研究。

本书的主要工作和贡献如下：

（1）提出了一种基于节点唯一识别码生成发射间隔的算法（IBBIGA）。在一些由纯发节点组成的即时定位和物品追踪系统中，节点工作时会在单位时间内广播数次自身的唯一识别码，当节点密度较大时，发送的信号会产生碰撞，导致信息丢失。IBBIGA 利用节点识别码的唯一性，为每一个节点计算出一组特定的发射间隔，以有效避免连续碰撞的出现。算法能保证各节点单位时间内平均发射次数相等，从而保证各节点在长时间工作时能耗均衡。仿真分析表明，与纯 ALOHA 协议和 INCITS371.1 协议相比，IBBIGA 的漏读率更低。

（2）讨论了压缩感知（CS）在纯发节点采集和汇聚数据时的应用方式，针对含纯发节点单跳网络的数据采集和汇聚过程，将数据采集汇聚分成单个节点的采集压缩和多个节点的汇聚传输，由采集压缩的测量矩阵和汇聚传输的测量矩阵复合成一个测量矩阵，即复合测量矩阵。通过数学建模，证明了复合测量矩阵的约束等距性（RIP）。仿真实验中，在接收端采用复合测量矩阵和稀疏基对数据进行重构,分析了多种测量矩阵的复合效果,并比较了重构误差。结果表明复合测量矩阵的重构效果与信号的时间相关性有关。相关性较弱的信号采用高斯测量矩阵和伯努利测量矩阵的恢复稳定性较好,时间相关性较强的信号采用随机测量矩阵恢复误差相对较小。

(3) 设计了一种在多跳传感器网络中部署纯发节点的多信道 MAC 协议(MCTO-MAC)。在含纯发节点的混合网中,为了增加交付率,纯发节点传输数据时会进行多次重发,这会造成信号之间的碰撞,影响混合网中收发节点的通信。MCTO-MAC 协议是基于低功耗侦听(Low Power Listening,LPL)方式,利用多信道机制,将收发节点和纯发节点分别安置到两个不同的信道进行工作。纯发节点根据伪随机数计算的时间间隔进行发送,在发送的每一帧中均包含计算发送间隔的随机数种子。收发节点负责接收附近纯发节点发送的数据,并转发到汇聚节点。收发节点定时检测纯发节点工作的信道,通过分析接收到的随机数种子预判出每个纯发节点接入信道的时间,从而安排后续的接收时刻。在基于 Contiki 系统的仿真平台上进行实验,测试结果表明,MCTO-MAC 协议能在不增加网络能耗的情况下,有效地降低数据的相互干扰,增加了网络的交付率和生存时间。

(4) 提出了一种启发式簇首负载均衡算法(LBC-TO)。含纯发节点的混合网络中收发节点负责接收附近的纯发节点发送的数据,通过多跳转发将数据传输到汇聚节点,这种网络结构为二层传感网络。收发节点负责完成簇首的汇聚和转发功能,网络的能量消耗主要集中在收发节点上。为了解决含纯发节点网络中簇首节点能量消耗均衡问题,本书根据含纯发节点无线传感器网络的特点,提出了输入输出数据压缩比的概念,通过建立数学模型,推导出相邻簇首节点之间负载均衡的条件。算法 LBC-TO 要求簇首节点之间交换覆盖节点列表,利用负载均衡的条件,有序地建立接收节点列表。与其他分簇算法比较,LBC-TO 能有效延长混合网络的生存时间。

(5) 以单体液压支柱支护为中心,针对井下工作面工作环境,介绍基于无线传感器网络的液压支柱压力检测系统的设计及实现。着重介绍了系统的网络结构、传感节点的设计实现和人机交互界面。通过该系统测试了 IBBIGA 协议防连续碰撞的性能,测试结果验证了协议能有效地防止连续碰撞。利用等比例搭建的工作面现场工作网络,测试了 MCTO-MAC 和 LBC-TO 的实际工作情况,实验结果验证了 MCTO-MAC 的节能效果和 LBC-TO 的簇首负载均衡效果均达到了协议设计的目标。

（6）针对煤矿井下救灾机器人应用的特殊环境，结合 Ad Hoc 网络特点，设计了基于 Ad Hoc 网络的煤矿救灾机器人通信系统。在数据链路层的 MAC 子层上，采用了冲突避免的载波侦听机制和定时交替的分配协议；在 LLC 子层上，根据重传和确认机制，提出了一种全节点比例定时交替传输协议，实现传输速率比例可调的双向不对称可靠通信。在网络层提出了适用于救灾通信网络的路由算法，该算法使用目的节点的邻居节点进行递归筛选能最快发现路径，从而能保证目的节点的邻居节点接收信号强度 RSSI 最好，源节点和目的节点的邻居节点之间的跳数最少，从而提高了链路的稳定性，同时降低了延迟。选路后，采用变速选频协议实现通信路径的建立。在实现了通信接口电路和中继节点的基础上，针对实际构建的实验系统进行了测试。实验表明，这种基于 Ad Hoc 网络的煤矿救灾机器人通信系统设计方案是有效的，可以用于煤矿救灾和应急通信场合，对相关产品的开发有很好的借鉴价值。

著　者

2023 年 8 月

目　　录

1 绪 论

本章阐述无线传感器网络和 Ad Hoc 网络的研究背景和纯发节点的工作方式及特点,梳理当前国内外的研究现状,提出了需要解决的关键技术问题及其解决方法。

1.1 研究背景

无线传感器网络和 Ad Hoc 网络作为支撑物联网(IOT)的关键技术,其应用已遍布很多领域。在一些应用场景中为了节省成本,降低能耗,简化协议设计,部分或全部传感节点采用了纯发送的工作方式。这种含纯发节点的无线传感器网络和 Ad Hoc 网络已经成为通信网络学术研究的一个方向。

1.1.1 含纯发节点的无线传感器网络

伴随着微机电系统(Micro-Electro-Mechanical Systems,MEMS)、无线通信和数字电子相关专业技术的进步,出现了一种低成本、低功耗、多功能,并且支持近距离无线通信的传感器节点。这些具有数据采集,处理和传输功能的微小节点通过视距内的互通互联形成了无线传感器网络(Wireless Sensor Networks,WSNs)[1] 的主要体系结构。一个典型的无线传感器网络主要由传感器节点,汇聚节点,网关和管理中心组成[2],如图 1-1 所示。传感器节点通过自组织的无线通信方式,将传感节点上集成的传感器读数传输到汇聚节点;汇聚节点除了具备汇聚功能外,也可以具备传感节点的采集功能;网关进行网络间的协议转换,实现无线传感器网络和其他网络设备之间的数据透传;管理中心包含系统管理服务器以及其他用户终端设备,负责信息的后处理、网络管理等。

无线传感器网络如今已被广泛应用于很多领域。军事应用中,由于无线传感器网络具有高度冗余性、快速自组织性和较强的容错性等独有的网络特点,可将数量庞大的

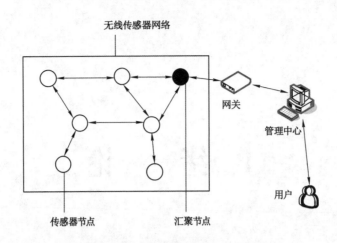

图 1-1　无线传感器网络结构

传感器节点随机布撒到战区中,收集关键的战场信息,取得胜利的先机。工业领域中,在一些具有危险性的生产现场布置传感节点采集参数,并通过无线传感器网络上传数据,工人或管理人员只需在控制中心即可监控生产过程参数。智能农业领域,在农田部署传感节点,可以获取农民耕种期间所需的各种信息,监控农作物的生长环境,从而可以及时按需控制温度、湿度、光照、灌溉等。医疗监护方面,可通过在病房内外和病人身上放置或附着相应的传感节点,实现全天候实时的病房参数及体征参数的采集,方便医生观察病情和护士的护理工作。在一些发生了严重自然灾害的应急场所,如地震,水灾,强台风等,原有的通信网络设施很可能被摧毁导致无法正常工作,而不依赖固定设施的无线传感器网络可以进行快速组网,从而帮助抢险救灾。

无线传感器网络应用的设计和实现中仍存在着相当多的困难,可以从节点和网络两个角度理解。从节点的角度,主要的挑战在于能耗、成本和处理能力。由于无线传感器网络的传感节点部署后多采用电池供电,为了延长网络的工作时间,需要尽可能地节省能量消耗。这要求节点的硬件必须能提供低能耗工作状态,在不需要工作时通过进入低能耗状态将能耗降到最低;另外传感节点的大部分能量消耗在无线通信上,软件实现的通信协议只有在必要的时候才启动发送和接收。传感节点一般部署量大且一些应用场景中无法回收,这都要求节点的成本要尽可能低。因此节点一般采用处理能力较弱、硬件资源有限的单片机来实现控制,这些条件限制了软件的规模,因而实现节点功能时多采用前后台程序结构或占用资源极少的嵌入式操作系统作为开发平台,这也为协议的设计和实现增加了一定的难度。从网络的角度,主要的挑战在于链路状态,网络的结构规模和节点的移动性。无线传感器网络中节点受部署环境的影响,链路状态极不稳定。这要求在设计通信协议时,对链路丢包的反映不能太过迅速,防止能量消耗在无意义的重发和确认上。无线传感器网络结构多样,规模可大可小,汇聚的数据量有多有少且服务质量要求不同,这些特点要求网络的路由设计必须灵活,能根据具体的应用场景和要求进行优化配置。一些网络中的节点处于可移动状态,邻居节点处在不断的变化之中,这种情况下必须能根据节点的移动方式合理设计通信协议进行优化。

无线传感器网络中的采集节点一般使用具有收发功能的半双工单天线通信节点。相应的,目前大量的通信协议都是基于收发节点设计的。通过周期性地调度休眠与工作时间,节点可以协调相互之间的收发时机,从而实现数据的汇聚传输。但是,在一些无线传感器网络应用中,部署的节点数量较大、密度较高,而且节点的工作只是周期性地采集一些参数并进行上传,这种情况下,采用纯发节点代替收发节点能显著节省部署成本和降低节点能耗。

纯发节点是只发射信号的无线传感器网络节点。由于这种工作特点,纯发节点的无线通信模块可以不需要实现接收功能的电路,节省了硬件开销,从而降低了节点成本和能耗。但是由于节点不接收信号,节点的发射时机无法通过与其他节点之间的通信进行协调。因此,含纯发节点的无线传感器网络协议的设计和由收发节点组成的网络有着一定的区别。本书将深入分析引入纯发节点到无线传感器网络中产生的一系列问题,并针对性地提出解决方法。

纯发节点是指具有发射无线电波功能而不检测和接收电波的节点。首先在无线传感器网络中采用纯发节点的是为了节省成本。纯发节点可以不含接收电路,而在通信芯片中接收电路部分实现复杂度远高于接收电路部分,因此相应地节省了硬件设计和实现的开销,在节点需要大规模高密度放置时,能显著的降低网络的部署费用[3]。其次是为了节省能耗。无线通信电路实现中,一种普遍的情况是接收消耗的能量高于发送的消耗[4-6]。消除接收意味着节省了接收消耗的能量。再次是为了简化网络协议设计。相比于收发通信协议,纯发送协议简单且易于实现,出现网络故障易于分析原因所在。一些无线传感器网络应用场景中即便使用可收发的双向通信节点,其中一部分节点仍只采用纯发送的工作方式,这种网络通过分别设计纯发送协议和收发协议来提高网络的性能[7,8]。

1.1.2 含纯发节点的网络结构

含纯发节点的无线传感器网络一般构成两种主要的网络结构,分别是由纯发节点构成的单跳网络,和由纯发节点及收发节点组成的混合网络,如图 1-2 所示。图 1-2(a)为单跳网络,在汇聚节点一跳范围内分布着一定数量的纯发节点,网络中的纯发节点不定时或周期性地向汇聚节点发送数据。图 1-2(b)为含纯发节点的混合网络,网络中包含汇聚节点,收发节点和纯发节点。收发节点负责接收附近的纯发节点发送的信号,并通过多跳转发给汇聚节点。

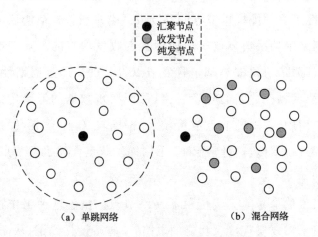

（a）单跳网络　　　　　　（b）混合网络

图 1-2　含纯发节点网络结构

含纯发节点的无线传感器网络表现出很强的应用潜力,多应用在一些需要周期性采集数据且采集空间密度较高的场合。一些农业生产中,采用工作在 40 MHz 频段的远距离纯发节点对田地和大棚等植物生长场所的环境参数,包括环境的温度,湿度和土壤的含水量等,进行大范围检测[9,10]。汽车、轮船、宇航器等交通工具可通过分布在其不同部位的纯发送传感器节点不断地向电子控制单元(Electronic Control Unit,ECU)汇报实时状态参数,其工作的节点数量可达数以百计[11]。居家监控系统[12,13]可采用大量的纯发节点分布在房屋内外以提供环境参数和预警信号。含纯发节点的无线传感器网络的应用也常见于小区域内大量节点集中工作的情况,例如无线体域网[14](Wireless Body Area Networks,WBANs)和无线个域网[15](Wireless Personal Area Networks,WPANs)。

1.1.3　衡量网络性能的主要参数

含纯发节点的无线传感器网络中,由节点发射的无线电信号在接收端产生相互干扰的情况称为碰撞[16,17],碰撞会造成数据读取的不可靠和不正确。在无法检测无线电信号的纯发节点中尤其明显,当部署的节点密度较高时,碰撞是影响网络通信质量的主要原因。对于含纯发节点的无线传感器网络,碰撞是不可避免且无法恢复的。捕获效应在一定程度上能减轻碰撞的影响,即当产生碰撞时,接收端能正确接收信号较强的数据。但是这也会出现信号较弱的数据长时间无法正确接收的情况。另外无线传感器网络中传感器节点多为电池供电,能耗是一个影响网络行为的关键指标,大量的网络协议设计都是为了降低节点能耗,延长网络生存时间。关于碰撞和能耗的性能指标主要包括如下两部分:

(1)丢包率,漏读率,交付率,吞吐量等相关参数含义虽有不同,在针对含纯发节点的网络中,这些参数主要受节点间碰撞的影响。丢包率是指丢失数据包数量占所发送数据量的比率;漏读率多用在射频识别系统中,是指单位时间内漏检标签数和总标签数的比率;交付率的含义是交付数据包数量占所发送数据数量的比率;吞吐量是指在单位时间内通信节点有效接收和发送数据的总量。若节点间的碰撞频繁,相应的丢包率、漏读率较高,而吞吐量、交付率较低;反之则反。

(2)网络生存时间和作业持续率。网络生存时间的定义方式较多,通常是指从网络开始运行到无法完成应用需求所持续的时间。针对含纯发节点的无线传感器网络,网络生存时间多从网络开始到起路由作用的收发节点能量耗尽的时间。作业持续时间的英文是"duty cycle",在无线传感器网络中其含义是指传感节点在一次工作和休眠的周期中,工作占用的时间比例。作业持续时间越长则节点能耗越高,相应的工作总时长也越短。

1.2 研究现状

目前关于含纯发节点的无线传感器网络的研究内容可从其两种主要的网络结构分析,即纯发节点构成的单跳网络和含纯发节点的混合网络。在单跳网络的范畴内主要研究防碰撞、扩容、纠错和提供交付率差异等问题;在混合网中主要研究可靠交付,多跳路由传输以及移动汇聚等问题。同时由于超宽带技术中接收器和发射器硬件电路结构差异较大,采用纯发送方式能显著降低硬件成本和功耗,有大量的相关研究工作是关于超宽带技术采用纯发送工作方式的。

1.2.1 纯发节点构成的单跳网络

纯发节点构成的单跳网络的一般拓扑结构为,在一个汇聚节点一跳范围内部署着一定数量的纯发节点,这些节点通过广播的方式将采集到的数据直接发送给汇聚节点。纯发节点无法检测并接收其他节点发射的无线电信号,从而无法进行信道侦听以及和邻居节点协调发送时机,在单跳网络拓扑结构下,当部署的纯发节点数量较多时,很容易出现同时传输的情况。由于都是广播传输且都在一跳范围内,这必然出现信号碰撞的情况,给汇聚节点的接收造成障碍,导致无法接收或者接收错误,进而增加了误码率,降低了交付率和网络吞吐量。

在发射端为了降低碰撞造成的影响,最直接的方法是通过多次重发提高交付率,但是这样做也会导致碰撞的增加。当前的研究工作主要是建立碰撞概率的数学模型,并提出相应的防碰撞算法。纯发节点初期采用的媒体接入控制协议(MAC)多为类 ALO-HA[18]协议,文献[19]讨论了在纯 ALOHA 协议下,一跳范围内纯发节点数目和信道占用时间与碰撞概率的数学关系,通过在基于硬件平台上的测试验证关系的正确性,给出了保证节点交付率在一个给定的置信区间的方法。文献[20]给出了纯发送工作方式下非时隙 ALOHA 协议的碰撞概率模型,在 M/D/1/1 损耗模型基础上,考虑当接收到的信号干扰噪声比(SINR)在接收的时间内平均值足够大时就能正确接收的情况,提出一个扩展模型,证明该模型中一跳范围内纯发节点的成功遍历表达式近似于爱尔兰损失公式。但是 ALOHA 协议下共享信道中不加控制的碰撞会降低网络的吞吐量[21],而性能相对较好的时隙 ALOHA 协议由于需要接收功能的支持并不适用于纯发节点,为了减小碰撞概率,增加交付率,文献[22]在纯发送工作中引入了时间信道(Timing Channel,TC)的概念,提出了一种 TC-Aloha 媒体接入协议。时间信道是通过对发送和接收两端的收发事件的时间间隔长度进行编码的逻辑信道[23]。在纯发节点中,时间信道主要是指对连续两次发送的时间间隔长度进行编码。TC-Aloha 协议利用时间信道来传输信息增加信道容量,同时通过对多次重发的时间间隔长度进行编码,增加交付的成功率。文献[24]探讨了可以用于纯发送工作方式中的三种误差控制方法,分别采用时间分集、空间分集和基于编码的技术。在室内和室外两种环境中进行长达数月的发送和接收测试后得出结论为,采用时间分集和空间分集的误差控制方法更好。文献[9]设计并测试一种长距离低速率工作的纯发节点和软件无线电接收机,这种节点十分适用于农业生产环境的监测。由于节点的通信距离长,使得在接收端的覆盖范围内会存在较多的纯发节点,同时由于传输速率较小,发射的无线电持续时间相对较长,这都增加了信号碰撞的概率。通过在接收端增加多信道接收能力和采用前向纠错(Forward Error Correction,FEC)技术,实验测试结果显示即便在距离较长节点较多的情况下,接收端仍能维持一个较可靠的交付率。文献[25]根据纯发节点在智能家居应用场景中的环境情况,通过合理配置纯发节点的数据发送间隔,可以保证在多次连续的重发之后,接收节点能可靠地接收一次。文献[26]采用的防碰撞方法是,纯发节点在发送数据时采用二项式分布方法选择重发间隔。文献[27]针对智能家居的应用环境,提出一个防碰撞MAC 层协议,该协议基于应用需求最小化发送的数据长度,同时针对不同纯发节点传输数据类型的不同,采用不同的发射间隔,节点发送时保证在连续的三个十秒钟内,每个十秒钟内随机发射一次,共发射三次,从而提高数据的交付率。文献[28]设计的接收机可以通过统计估计信号的幅值,再利用学习策略区分出期望的纯发节点信号,从而能从碰撞的信号中提取出要接收的有效信息,来减缓碰撞对的影响。

射频识别(Radio Frequency Identification,RFID)是一种无线通信技术,可以通过无线电信号识别特定目标并读写相关数据,而无需识别系统与特定目标之间建立机械或者光学接触。射频识别中采用的射频标签分成有源标签和无源标签。而有源标签为了节省成本和功耗往往采用纯发节点实现。在由纯发节点组成的射频识别系统中,同样需要解决信号间的碰撞的问题。文献[29]和[30]针对纯发节点的工作特点,基于 DS-CDMA 工作设计一个新的物理层调制解调方式。文献[31]基于射频识别技术,采用纯发节点实现一个固定资产追踪系统,该系统可以同时检测大约 5 000 个节点,系统中用于追踪资产的节点可以工作一年左右。

通过码分复用的调制解调方式也能有效地减缓碰撞的影响。文献[32]针对纯发节点单次发送数据较少的特点,利用跳时扩频(Time Hopping,TH)技术对直接序列扩频码分多址(Direct-sequence Code Division Multiple Access,DS-CDMA)进行改进,在相同误码率(BER)的情况下,降低了发射硬件电路的复杂度和能耗。文献[29]提出了一种基于直接序列扩频码分多址的调制解调方法,和基于曼彻斯特编码的 ALOHA 协议相比,防碰撞效果非常明显。文献[3]给出了一个含纯发节点的无线传感器网络的物理层和 MAC 层的数学模型,并在此模型之上,提出一个最优化接收策略,使得接收节点可以最大化覆盖范围和吞吐量。

一跳范围内存在大量纯发节点时,会有一些节点交付的数据重要性较高。为了能实现节点数据差异化的交付率,文献[33]提出一个叫做 QoMOR 的媒体接入控制层(MAC)协议,该协议通过对不同的纯发节点在单位时间内配置不同的重发次数来实现交付率的差异化。协议将单跳覆盖范围的纯发节点依照交付率要求的不同分成高优先级和低优先级两部分,并根据总的节点数和所需的交付率差异估算出对应优先级和低优先级节点的重发次数,为无法接收确认的纯发节点提供了提高交付率的方法。文献[34]对单跳覆盖内范围纯发节点交付率进行进一步研究,通过数学建模,讨论了交付率和节点重发次数之间的关系,并给出了不同交付率要求下的节点最优重发次数。

在一些采用纯发节点检测环境参数的应用中,碰撞丢包是不可避免的。由于自然界的数据具有一定的稀疏性,压缩感知理论[35-36]指出,通过合理的稀疏基能高概率地完全恢复出丢失的数据。文献[37]针对单跳网络中纯发节点随机接入信道的情况,提出了一种随机接入压缩感知应用策略（RACS）。该策略在单跳网络中的纯发节点中随机地选择一个子集，子集中的节点将每次采集的数据通过随机接入的方式发送给汇聚节点。由于碰撞的原因每次接收到的数据会有一定的丢失，为了能有效地恢复出原始数据，RACS 提出了充分感知概率的概念，并根据充分感知概率讨论了单跳网络中传输节点数量和采集数据稀疏性的关系。文献[38]提出了一种基于协方差的压缩感知策略（CB-CS），并基于该策略比较了单跳纯发节点网络下多种压缩策略的性能。

1.2.2 含纯发节点的混合网络

由于纯发节点不能接收确认消息，无法提供可靠的通信保证，只能在对可靠性要求不高的场合采用。为了降低成本同时兼顾可靠通信的要求，将纯发节点和收发节点放置在同一检测区域进行组网，这种网络结构形成了一种含纯发节点的混合网络。混合网相关的研究集中在网络层和媒体接入控制层。网中收发节点和纯发节点有着明显的功能区别，收发节点可以作为提供可靠交付的采集节点，也可作为多跳转发的路由节点。混合网的出现是对协议设计复杂度的重新规划，把简单和可靠性要求不高的任务交由纯发节点完成，将可靠交付和路由转发等复杂任务交由收发节点负责。

在汇聚节点一跳范围内存在大量纯发送采集节点和收发采集节点时，由于纯发节点会周期性地向汇聚节点发送数据，发射信号之间的碰撞无法避免，为了防止碰撞对收发节点的交付率造成影响，文献[39]提出了 H-QoMoR 协议。该协议包含两个阶段，第一阶段汇聚节点收集纯发节点发来的数据，并根据接收时间和对应接收节点计算发射时间的随机数种子，估算后续时间段内信道的空闲时间；第二阶段在空闲时间内汇聚节点通知收发采集节点向其传送数据，并动态配置节点的休眠时长。这种方法既不影响混合网中纯发节点的交付率，同时还保证了收发节点的可靠交付。文献[40]在 H-Qo-MoR 协议的基础上提出了 RH-QoMoR 协议，协议中引入了保证时延的概念，即为了保证第二阶段的数据交付率相应地预留一些延迟时间。同时为了防止无线通信中信号衰落和外界干扰，增加了确认机制。文献[41]在 H-QoMoR 协议的基础上提出了利用收发节点辅助汇聚节点接收数据的策略。该策略中汇聚节点会统计纯发节点的交付率，在交付率较低的节点发送时，安排一个或多个收发节点处于接收状态来辅助接收。同时，汇聚节点会在第二阶段估算出碰撞发生的时刻，并安排收发节点在碰撞发生的时间段内保持接收状态。由于捕获效应的影响，安排的收发节点很可能会正确接收到信号较强的数据。若成功接收数据，收发节点再在汇聚节点安排的发送时刻转发给汇聚节点。经仿真实验分析，通过采用辅助接收策略，纯发节点的交付率有明显的提升。

在一些应用场景中,为了采集更大范围内部署的纯发节点的信息,通常采用两种方式来进行,第一种方式是将混合网中的收发节点作为簇首接收附近的纯发节点数据,并通过多跳转发将数据传送给汇聚节点。第二种方式是采用移动接收节点,在部署纯发节点的范围内进行移动采集,采集完后移动到汇聚节点附近上传数据。针对第一种方式,文献[8]提出了 M-QoMoR 协议。该协议首先通过汇聚节点将网络中的收发节点组建成一个二叉树状的网络结构。每个收发节点附近,分布着一定数量的纯发节点,这些纯发节点在每个发送周期就会向附近的收发节点广播采集到的数据。汇聚节点每隔一段时间广播一次获取数据的命令,收发节点收到命令后通过二叉树状网络结构将数据上传到汇聚节点。文献[7]验证了在多跳情况下文献[41]提出的收发节点的节能算法的有效性。针对第二种方式,文献[42]提出了一个大范围高密度部署的纯发节点网络中使用移动接收节点采集数据的方案。该方案讨论了多种选路方法,通过理论和仿真分别分析了各种参数,包括节点密度、节点分布范围、接收节点移动速度等对网络性能的影响。

1.2.3　超宽带中的纯发送工作方式

超宽带(UWB)无线通信技术与其他技术有很大的不同,不需要使用载波,依靠持续时间非常短的基带脉冲信号传输数据,因此占用的频带很宽,且各频段上脉冲信号的功耗又很低,几乎不会对其他信号形成干扰,现已成为近距离无线通信的一个研究方向。

超宽带技术由于其本身的工作特点,非常适合作为无线传感器网络的无线通信链路。第一,超宽带无线通信技术功耗较低,可以保证电池供电的传感器节点长时间工作。第二,超宽带技术的具有很高的数据传输速率,远远超过当前的其他近距离无线通信技术。第三,超宽带技术具有较强的抗干扰性,由于信息被扩展到很宽的频谱上,其发射功率谱密度甚至低于美国联邦通信委员会(Federal Communications Commission,FCC)规定的电磁兼容背景噪声电平。第四,超宽带技术的传输脉冲非常短,在极宽的频段间传输时很难被侦测,故其具有高度的保密性和安全性。

在超宽带技术中采用纯发送工作方式主要基于成本、功耗和体积等因素的考虑。超宽带技术中接收机和发射机结构有着明显的差异,即便是最简单的超宽带接收机在实现了同步和捕获电路后也比发射机要复杂得多,其功耗远远高于发送机。例如文献[43]中实现的脉冲超宽带(IR-UWB)收发机,其接收机在不考虑后端数字处理电路的情况下,工作能耗仍然是发射机的5倍多。考虑到在无线传感器网络的一些应用场景中,一定的范围内一个接收机已经能满足应用要求。这种情况下,将传感器节点的无线通信部分设计成纯发射的工作模式可以极大地降低实现成本,在去除了发射电路后,传感器节点的功耗会降低,同时体积也会变小。

由于只含发射机的传感节点无法感知其他节点的存在,也无法和其他节点协调通信,当大量节点处于同一接收范围内时,势必会造成信号间的碰撞,从而影响通信质量。如何解决超宽带纯发射节点间信号的碰撞和干扰问题成为研究的热点。文献[44]中,详细讨论在无线体域网中采用超宽带纯发节点的碰撞问题。文中将体域网中信号的碰撞分成两类,分别是单个体域网内节点发射信号的碰撞和多个体域网间信号的碰撞,并对基于脉冲超宽带(IR-UWB)节点通信时的碰撞概率进行了理论分析,给出了碰撞概率与节点数和发射时长之间的关系;同时提出了一种媒体接入控制层协议,通过定义信号优先级和对信号多次重发来减缓信号间的碰撞,有效提升数据的交付率。文献[45]提出通过增加发射信号强度来减缓体域网间信号的碰撞对接收的影响;同时提出当体域网内的纯发节点发射时,可分别采用各自唯一的发射间隔来防止碰撞,并验证了在合理选择发射间隔的情况下,多纯发射节点在同时突发传输时的碰撞概率能降低两成。文献[46]通过对体域网中各超宽带纯发节点安排不同长度的发射脉冲来降低碰撞的影响,仿真分析表明该方法在六个纯发节点同时工作时基本能保证处于不同位置节点的误码率相当。文献[47]采用跳时扩频技术改进纯发节点的发射方式,防止信号在短时间内连续反复碰撞,并以此为基础,在采用 UWB 的时差定位(Time Difference of Arrival,TDOA)系统中实现对多个节点的定位。文献[48]提出了一种基于直接序列超宽带(DS-UWB)接收机的捕获方法,该方法通过有效利用 UWB 信号碰撞时多为相互交替而非相互覆盖的特点,对接收信号强度较强的信号进行捕获,从而能更有效地接收纯发节点发送的数据。文献[49]提出一种新的在接收机端利用串行干扰抵消(Successive Interference Cancellation,SIC)提高信噪比的方法,有效地降低了全局接收误码率。文献[50]通过在纯发节点发射前增加随机延迟时间来防止连续碰撞,并在不同节点部署密度下验证了方案的有效性。文献[51]中提出了对 UWB 接收机进行改进的两种方法。方法一为增加接收信号强度的阈值,只有当接收到的信号高于规定的阈值时才接收信号;方法二为当信号碰撞时,放弃接收信号弱的信号转去接收信号强的信号。通过仿真分析,这两种方法都能有效地减轻信号碰撞的影响,提高接收成功率,尤其是第二种方法的效果更好。

1.3 本书主要研究工作

本书研究工作主要围绕纯发节点的单跳网络中防连续碰撞算法和压缩感知应用方法，以及含纯发节点混合网络中的多信道 MAC 协议和簇首负载均衡方法等关键技术问题展开，并基于纯发节点设计了相关的工程应用。

基于上述对于含纯发节点无线传感器网络研究的分析，针对单跳网络和混合网络中节点的工作方式问题，本书的主要研究内容可概括为以下几个方面：

（1）含纯发节点的无线传感器网络中，多采用重发的方法降低节点的漏读率。但是当节点部署数量较多和密度较高时，重发的信号会出现连续碰撞的情况，导致汇聚节点在规定的时间内无法正确接收到覆盖范围内所有节点的信号。针对这种情况，本书提出一种基于节点唯一识别码生成发射间隔的算法（IBBIGA），生成的发射间隔能有效地防止连续碰撞的情况，并且能保证各节点的平均发射间隔相等，从而能量消耗接近相同，方便节点供电电池的更换和回收。当识别范围的纯发节点在 $80 \sim 200$ 之间时，漏读率为 10^{-4} 的条件下，IBBIGA 读卡周期长度平均比纯 ALOHA 低 7%，比 INCITS371.1 协议低 12%。

（2）分析压缩感知理论在含纯发节点的无线传感器网络中的应用方法，并针对单跳网络中节点汇聚的过程，建立一种复合测量矩阵模型。该模型将节点的采集压缩和汇聚时的随机碰撞用复合测量矩阵进行表示。通过仿真实验测试了多种测量矩阵复合后对数据恢复造成的影响。实验结果表明，对时间相关性较弱的信号，高斯测量矩阵和伯努利测量矩阵的恢复稳定性较好，而对时间相关性较强的信号，随机测量矩阵恢复误差相对较小。

（3）针对含纯发节点的混合网络，本书设计一种在多跳传感器网络中部署纯发节点的 MAC 协议（MCTO-MAC），该协议利用多信道通信机制，可以让纯发节点工作在基于 LPL 类 MAC 协议的无线传感器网络中。在网络层设计冗余消除策略，可以消除多个收发节点对同一个纯发节点的重复接收。在基于 Contiki 系统的仿真平台上实现并仿真比较，MCTO-MAC 协议可以完全与现有的 LPL 类 MAC 协议兼容，与全由收发节点组成的网络相比，能有效地降低网络传输的数据量和干扰，并延长网络的生存时间，同时增加 36% 数据交付率，消除近 50% 的重复接收。

（4）为解决含纯发节点的混合网络中簇首节点能量消耗均衡问题，本书根据含纯发节点无线传感器网络的特点，提出输入输出数据压缩比的概念，建立数学模型，推导出相邻簇首节点之间负载均衡的条件。同时提出一种启发式分布分簇算法(LBC-TO)。该算法利用相邻簇首节点之间负载均衡条件,交换簇首覆盖节点列表,有序建立接收节点列表来进行分簇。通过仿真实验和相关分簇协议比较,LBC-TO 能有效的均衡数据传输能耗,延长网络生存时间。

(5) 在基于无线传感器网络的液压支柱压力检测系统中采用纯发节点作为压力传感节点,详细介绍系统的设计实现过程。在系统的通信节点中,基于 Contiki 系统实现 IBBIGA 协议,MCTO-MAC 协议和 LBC-TO 协议,并通过单跳网络和混合网络测试协议的工作性能,测试结果表明协议基本达到设计预期。

1.4　本书结构和章节安排

本书主要研究含纯发节点单跳网络中防连续碰撞算法和压缩感知应用方法,以及含纯发节点混合网络下的多信道 MAC 协议和簇首负载均衡方法,以及相关的工程应用。本书共分八章,组织结构如图 1-3 所示,每章的主要内容安排如下:

第 1 章绪论。介绍本书的研究背景和现状、主要研究内容和意义以及本书的组织结构。

第 2 章主要研究了纯发节点信号之间的连续碰撞问题。分析了连续碰撞在即时定位系统和物品追踪系统中导致的漏读情况,提出了基于节点标识号生成发射间隔的算法(IBBIGA),并通过仿真实验进行性能上的验证,体现了算法在减少漏读率和能耗均衡等方面的有效性。

第 3 章主要分析了压缩感知理论在含纯发节点单跳网络中的应用方式。通过对网络数据的采集和汇聚过程分析,提出了复合测量矩阵的计算模型。仿真并测试了多种测量矩阵复合后的恢复效果,并进行了性能分析。

第 4 章主要研究了无线传感器网络中利用多信道通信的方法。并针对含纯发节点的混合网络,提出了 MCTO-MAC 多信道 MAC 协议,同时通过在网络层进行数据比较,消除了部分重发数据。通过仿真实验验证了算法的性能。

第 5 章主要研究了含纯发节点混合网络中簇首节点能量消耗均衡问题,提出一种启发式分布算法 LBC-TO。算法通过利用相邻簇首节点之间负载均衡的条件,交换簇首覆盖节点的列表,有序的建立接收节点列表。通过仿真实验进行了性能评估。

第 6 章详细介绍了具体的基于无线传感器网络的液压支柱压力检测系统的设计和实现,并通过该系统测试了 IBBIGA 协议,MCTO-MAC 协议和 LBC-TO 协议的有

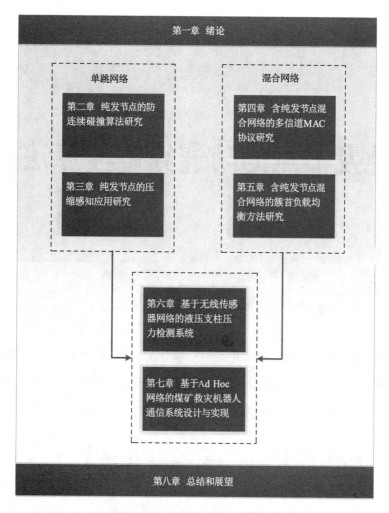

图 1-3 本书结构图

效性。

第 7 章详细介绍了煤矿救灾机器人通信系统的设计和实现,并通过该系统测试了通信协议、天线信号强度、功耗、传输距离以及可靠性。

第 8 章对全文进行了总结并对下一步的研究方向进行展望。

2 纯发节点的防连续碰撞算法研究

2.1 引言

防碰撞在含纯发节点的无线传感器网络中得到了广泛的研究。由于纯发节点多采用重发的方法降低漏读率,单次碰撞并不会造成数据丢失,连续的多次碰撞才是造成交付失败的主要原因。在一些由纯发节点组成的即时定位和物品追踪系统中,要求汇聚节点能在规定的时间段内接收到纯发节点发射的识别码,超时未收到则会影响系统性能。

即时定位系统和物品追踪系统的主要功能是实时获取移动或固定目标的位置信息。系统通常采用 RFID 技术实现[52-54],通过将射频标签固定在目标上,再利用读卡器接收标签发射的识别码来大致确定目标所处位置。通常系统会采用主动式标签来增加识别距离[41,42,55],即标签主动地周期性广播识别码。为了减少实现成本,多采用纯发标签[56,57]。这类系统的网络结构是典型的由纯发结点组成的单跳网络结构。为了描述方便,本章将系统中负责接收信号的读卡器称为汇聚节点,将目标携带的射频标签称为纯发节点,在不引起混淆的情况下也简称为节点。

当大量目标处在同一个汇聚节点接收范围内时,其携带的纯发节点发射的无线信号会出现相互碰撞的情况,使汇聚节点接收不到纯发节点发射的标识码,造成标识码的漏读,导致系统定位或追踪失败。而多个纯发节点处于同一位置时,信号的相互干扰是不可避免的。纯发节点无法通过检测信道来避免碰撞,多通过增加单位时间内的发射次数或延长汇聚节点的接收周期来减小漏读率[34]。若系统中纯发节点的发射间隔相同,在连续的时间段内会造成发射信号的多次碰撞,导致长时间无法正确接收标识码,从而引起漏读。纯发节点无法接收的特性也决定着在发射时无法采用同步的方式防止碰撞[58,59]，在这种情况下，可行的方法是通过改变节点的发射间隔来降低信号的连续碰撞概率。

本章在介绍了相关的研究工作和分析了连续碰撞的条件后，提出了一种防止连续碰撞的发射间隔计算方法——基于识别码的发射间隔生成算法 IBBIGA。IBBIGA 充分利用了节点识别码的唯一性，为每一个节点分配一组发射间隔。为了保证节点在长时间工作时的能耗相同，算法同时能保证各节点的平均发射间隔相等。仿真结果显示，该算法比随机产生发射间隔的方法漏读率更低。

2.2　相关工作

通过改变发射间隔来防止多址接入时连续碰撞的研究，主要集中在两种方法上，即随机间隔接入和确定间隔接入。采用随机间隔接入的优点是实现简单，每个节点在发射后生成随机延迟，等待延迟时间到时再次发射信号并计算下次发射延迟，如此不断循环。随机间隔接入的方法在节点数量较少时，防连续碰撞的效果明显，但当节点数量增多时效果并不理想。为了彻底解决连续碰撞的问题，研究发现如果节点通过合适的确定间隔进行发送，在满足一定的重发次数的条件下，总是能成功交付至少一次。例如若两个纯发节点分别采用相同的发射周期，需要发射的周期用"1"表示，需要休眠的周期用"0"表示，两个节点分别采用"1010"和"1100"两种确定间隔的方法循环发射，若每个周期发射一次，则在连续的四个周期内，无论如何碰撞总是能分别成功交付一次。确定时间间隔面临的主要问题是当节点数量增多时，为了能成功交付，要求持续的周期数过大，远远超过汇聚节点要求的接收时间长度。实际应用中，系统对漏读率上限都有明确的指标，通过合理的设计生成发射间隔的算法，在汇聚节点的接收周期内达到系统的要求即可。

随机间隔接入方法目前已有较成熟的理论分析和应用基础，其中纯 ALOHA 协议[60,61]是使用较早且较普遍的防连续碰撞方法，该协议允许节点在发射周期内的任意随机时刻发射信号。INCITS371.1 协议[62]规定每次发射时对发射周期延长或缩短一个随机值来改变发射间隔，文献[34,54]均采用这种方式生成标签发射间隔。文献[63]讨论了随机发射间隔造成连续碰撞的概率模型。

确定间隔接入方法首先由文献[64]提出，其研究给出了一个防连续碰撞的时间间隔计算方法并指出信道的容量上限为 $1/e$。文献[65]和[66]提出了一种采用恒重循环置换码来计算间隔进行发送的方法。文献[67]提出了采用素数序列来实现发射间隔的计算方法,随后文献[68]在基于素数序列的基础上,根据多速率接入的要求提出了采用晃动序列来生成发射间隔的方法。但是这些计算方法都存在同样的缺点:随着接入节点的增多,为了防止连续碰撞,节点的发送次数呈指数方式增长。

2.3　连续碰撞模型

即时定位系统和物品追踪系统中在某些位置会部署汇聚节点,汇聚节点一般为有源节点,通过有线链路连接到服务器,需要定位追踪的人或物品会附着一个纯发节点,并且处于移动或静止状态。当纯发节点经过或处于某个汇聚节点的识别区域时,该汇聚节点会接收到纯发节点发出的带有识别码的无线信号,表示人或物品处于该汇聚节点的接收范围内。若在接收到识别码后,汇聚节点在一个规定的识别周期内没有接收到识别码,则认为节点离开了接收范围。汇聚节点将纯发节点进入或离开的信息传送给服务器,以此追踪人或物品的位置。若某个纯发节点处在汇聚节点接收范围内的时长超过一个接收周期,而汇聚节点却没有收到该节点发射的信号则称为漏读。漏读的主要原因是由于在接收周期内连续多次没有收到纯发节点发射的信号造成的,若大量节点共处一处,信号互相干扰时,漏读尤为突出。

系统中纯发节点和汇聚节点工作在同一个无线信道下,设汇聚节点的识别周期为 T_r,纯发节点发射识别码占用信道时间为 t_s,有任意两个节点 A、B 长时间处于某个汇聚节点的接收范围内,发射周期分别为 T_{ta}、T_{tb},如图 2-1 所示。设两个同时处于接收区域的节点第一次发射时存在一个时间差 Δt,满足 $\Delta t \leqslant \max(T_{ta}, T_{tb})$。

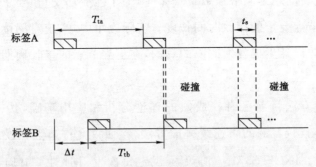

图 2-1　标签周期发射时的连续碰撞

若两个节点发射的时间重叠时造成碰撞,可知必存在整数 m、n,使得不等式:

$$|mT_{tb} - nT_{ta} - \Delta t| < t_s \tag{2-1}$$

成立。若两个节点会发生连续碰撞,则相当于在第一碰撞后的连续 k 个周期内也满足碰撞的条件,即:

$$|mT_{\text{tb}} - nT_{\text{ta}} + k(T_{\text{tb}} - T_{\text{ta}}) - \Delta t| < t_{\text{s}} \tag{2-2}$$

由不等式(2-1)和不等式(2-2)可知,任意两个节点连续碰撞可达到 $k+1$ 次的条件是:

$$|T_{\text{tb}} - T_{\text{ta}}| < \frac{2t_{\text{s}}}{k} \quad k \geqslant 1 \tag{2-3}$$

当 $\dfrac{T_{\text{r}}}{T_{\text{ta}}} \leqslant k+1$ 或 $\dfrac{T_{\text{r}}}{T_{\text{tb}}} \leqslant k+1$ 时会出现标识码漏读的情况。

由(2-3)式可知,当任意两个纯发节点的发射周期之差的绝对值小于发射时间的两倍时,会出现连续碰撞的情况。如果能保证任意两个节点之间的任意接入间隔差的绝对值大于等于 $2t_{\text{s}}$,就能保证相互碰撞的节点在下一次发射时不会再次碰撞。

2.4 基于识别码的发射间隔生成算法

2.4.1 算法设计

在计算纯发节点的发射间隔时,需要首先确定平均间隔。平均间隔主要受限于两个因素:节点的工作时长和节点在识别区域存在的时长。在即时定位系统和物品追踪系统的标准中,这两个参数都有明确的指标。

设标签发射的平均间隔为 $\overline{T_{\text{BI}}}$,标签每次发射需要消耗能量为 E_{t},主动式标签携带电池的总电量为 E,要求标签的工作时长为 T,为了保证标签的工作时间比要求的工作时间长,可得:

$$\frac{\overline{T_{\text{BI}}} \times E}{E_{\text{t}}} > T, \text{即} \ \overline{T_{\text{BI}}} > \frac{T \times E_{\text{t}}}{E} \tag{2-4}$$

当纯发节点经过一个汇聚节点的接收范围时,设平均的通过速度为 v,汇聚节点的接收半径为 d,则节点通过接收范围的时间为 $2d/v$。节点应在通过时间内至少发射 n_{t} 次信号以确保汇聚节点能收到识别码,若采用可变间隔发射方法,节点连续两次的发射间隔最大可达平均间隔的两倍,可知:

$$2n_{\text{t}} \times \overline{T_{\text{BI}}} < \frac{2d}{v}, \text{即} \ \overline{T_{\text{BI}}} < \frac{d}{v \times n_{\text{t}}} \tag{2-5}$$

由以上分析可知平均间隔 $\overline{T_{\text{BI}}}$ 的取值范围的为 $\left(\dfrac{T \times E_{\text{t}}}{E}, \dfrac{d}{v \times n_{\text{t}}}\right)$,为了能取到合适的平均间隔,应保证取值范围中下限小于上限,即:

$$\frac{T \times E_t}{E} < \frac{d}{v \times n_t} \tag{2-6}$$

由(2-6)式可知纯发节点配备的电池电量必须满足 $E > \dfrac{v n_t T E_t}{d}$。

已知平均间隔长度内支持的不发生连续碰撞的时间间隔总数为 $\left[\dfrac{T_{BI}}{2t_s}\right]$，为了计算方便，令

$$q \times N \leqslant \left[\frac{T_{BI}}{2t_s}\right] \tag{2-7}$$

式(2-7)中 N 用于识别码的取余运算，q 将根据汇聚节点接收区域允许出现的最大标纯发节点数量进行调整。纯发节点的第 r 次接入间隔 T_{BI} 计算方法如下：

$$T_{BI}(r) = \begin{cases} \overline{T_{BI}} + (ID\%N + r' \times N) \times 2t_s & r' < q \\ \overline{T_{BI}} - [ID\%N + (r'-q) \times N] \times 2t_s & r' \geqslant q \end{cases} \tag{2-8}$$

式(2-8)中，$r' = r\%2q$，ID 为纯发节点的识别码。该算法使每个节点在 $2q$ 个不同的发射间隔中轮流取值。

2.4.2 算法性能分析

设处于同一汇聚节点接收范围内的任意两个纯发节点 A、B 的 ID 对 N 取余后为 id_a 和 id_b 且 $id_a \neq id_b$，则根据算法计算出的 A、B 发射间隔可能取值的差为

$$|T_{BIa} - T_{BIb}| = |id_a \pm id_b| \times 2t_s + hN \times 2t_s \tag{2-9}$$

式(2-9)中，h 为一随机非负整数，与 A、B 的发射次数和 q 的取值有关。在 h 可以取值的范围内，由于 $id_a \neq id_b$，得 $|T_{BIa} - T_{BIb}| \geqslant 2t_s$，可知若某次两个节点发射的信号发生了碰撞，下一次发射时不会再次碰撞。若 ID 取余后相等，即 $id_a = id_b$，当节点出现在同一识别区域发生碰撞时，只有当下一次发射间隔取值相同时才会再次碰撞，即可得连续碰撞的条件概率为 $1/2q$。为了防止这种情况出现，可以在设置识别码时使用连续数进行编码，同时扩大 N 的取值。

根据算法可知，任意一个节点在 $2q$ 个发射间隔之间轮流取值，将 $2q$ 个发射间隔相加可得：

$$\begin{aligned}
&\sum_{i=0}^{2q-1} T_{BI}(i) \\
&= \sum_{i=0}^{q-1}(\overline{T_{BI}} + (ID\%N + i \times N) \times 2t_s) + \sum_{i=q}^{2q-1}(\overline{T_{BI}} - (ID\%N + (i-q) \times N) \times 2t_s) \\
&= 2q\overline{T_{BI}} + \sum_{i=0}^{q-1}((i \times N - i \times N) \times 2t_s) = 2q\overline{T_{BI}}
\end{aligned} \tag{2-10}$$

即每个节点的平均发射时间间隔均为$\overline{T_{BI}}$。

通过以上分析可知该算法满足以下要求：

（1）当大量节点在同一汇聚节点接收范围内时，能有效避免任意两个节点之间的连续碰撞。若两个节点在某次发射时发生碰撞，在下次发射时不再碰撞。

（2）所有的纯发节点可预设相同的平均发射间隔。这可以使同一批节点的能量消耗基本相同，当达到工作时限，可以一批同时更换。

2.5 仿真及结果分析

2.5.1 仿真环境

本书通过仿真工具 MatLab 实现发射间隔生成算法，与纯 ALOHA 协议和 IN-CITS371.1 协议进行了比较。为了充分体现由发射间隔造成的漏读差异，仿真中使每种生成间隔的算法单位时间内的发射次数相同。其中纯 ALOHA 协议标签在平均间隔内任意时间发射一次；INCITS371.1 协议允许每个间隔发射 1～4 次，为了方便比较，采用一个间隔只发射一次，其间隔计算方法按照标准为发射平均间隔与均匀分布在 -638 ～638 ms 的随机值相加。仿真中所有纯发节点放置在同一接收范围内，纯发节点和汇聚节点的通信传输比特率为 250 kbps，每次发射带有识别码的帧长为 80 bit，标签时钟晶振的频偏为 40 ppm。如图 2-2 所示。

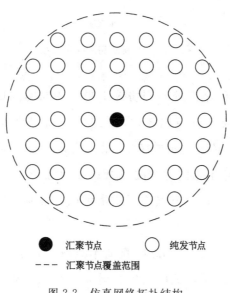

● 汇聚节点　　○ 纯发节点

- - - 汇聚节点覆盖范围

图 2-2　仿真网络拓扑结构

2.5.2　仿真结果分析

为了能使仿真结果具有实际应用价值,本仿真实验环境根据《煤矿井下作业人员管理系统通用技术条件》(AQ 6210—2007)设置,即井下即时定位系统的漏读率不得高于 10^{-4}。假设通过同一汇聚节点接收范围内的纯发节点数为 80,节点的平均发射间隔为 2 s。该实验不断增加汇聚节点接收周期长度,直到满足漏读率低于 10^{-4} 的标准要求。

图 2-3 为接收周期和漏读率的关系曲线。当算法 IBBIGA 的参数 q 取值为 2 和 3 时,漏读率数据几乎相同,比使用随机方法生成发射间隔的 ALOHA 和 INCITS371.1 漏读率更低。仿真中,q 值取为 0 表示每个标签的发射间隔相等,都为 2 s。当 q 取值为 0 和 1 时,由于节点的发射间隔选择范围过小,连续碰撞的概率较高,导致漏读率无法达到标准要求。

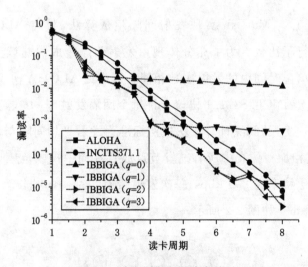

图 2-3　读卡周期和漏读率关系

图 2-4 所示为仿真实验中三种不同协议下采用相同的能量供给时,纯发节点发送次数的平均值和方差。为了方便比较,数据进行了归一化处理。从图中可以看出:ALOHA 协议下节点的发射次数相差较大,最大可以相差一倍;INCITS371.1 相对较小,但是仍然存在发射次数不相同的情况;IBBIGA 算法产生的发送平均间隔基本能保证所有节点发射次数相等。保证节点能耗均衡可以有效延长网络的生存期,并有助于节点电池成批更换。

表 2-1 为在漏读率等于 10^{-4} 情况下,随着节点数量的变化,节点平均发射间隔和接收周期的关系。可以看出,随着平均间隔的增大,IBBIGA 协议性能的提升逐渐增大。当识别区域内标签数量在 80～200 时,在采用基于识别码生成的发射间隔的标签定位

系统中,读卡周期平均比 ALOHA 协议低 7%,比 INCITS371.1 协议低 12%。

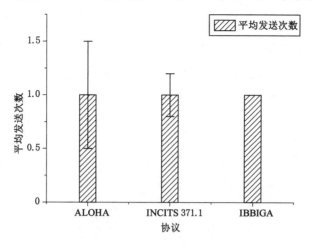

图 2-4 纯发节点发送次数的比较

表 2-1 标签平均发射间隔和读卡周期关系

节点数	协议	$\overline{T_{BI}}=1$ s	$\overline{T_{BI}}=2$ s	$\overline{T_{BI}}=3$ s	$\overline{T_{BI}}=4$ s
		读卡周期/s	读卡周期/s	读卡周期/s	读卡周期/s
80	INCITS371.1	3.9	6.5	8.9	11.5
	ALOHA	3.6	6.1	8.5	10.9
	IBBIGA(q=2)	3.4	5.6	7.5	9.5
120	INCITS371.1	4.2	6.9	9.9	12.2
	ALOHA	3.9	6.6	9.2	11.5
	IBBIGA(q=2)	3.9	6.1	8.5	11.0
160	INCITS371.1	4.7	7.5	10.3	12.6
	ALOHA	4.4	7.1	9.7	11.9
	IBBIGA(q=2)	4.1	6.3	8.9	11.3
200	INCITS371.1	5.0	8.0	10.8	13.3
	ALOHA	4.7	7.6	10.3	12.6
	IBBIGA(q=2)	4.6	7.3	9.3	11.8

2.6 本章小结

为了降低在即时定位系统和物品追踪系统中由信号连续碰撞造成的漏读,本书针对纯发节点提出了基于标识码的发射间隔计算方法。该算法利用识别码的唯一性给每个节点生成一组对应的发射间隔。该算法能保证若任意两个节点发射的信号发生碰撞,则在其下次发射时不会再次碰撞,并且保证每个标签的平均发射间隔相等。经过仿真分析,在单位时间内平均发射次数相同的情况下,该算法具有更低的漏读率。当识别范围的标签数在 $80\sim200$ 之间时,漏读率为 10^{-4} 的读卡周期长度平均比纯 ALOHA 低 7%,比 INCITS371.1 协议低 12%。

3 纯发节点的压缩感知应用研究

3.1 引言

无线传感器网络已被广泛部署在各种场景,如环境监测,救灾和工业自动化等。含纯发节点的混合无线传感器网络可以有效地降低网络部署成本,延长网络的生存时间。纯发节点不含接收模块电路,因此这些节点的发送是无法进行协调的。

纯发节点在工作时间内,以周期性或者随机性的方式发送采集的数据。含纯发节点的无线传感器网络在数据的汇聚过程中丢包是不可避免的。普遍的解决方法是通过各层协议的优化尽可能地减少碰撞的概率。压缩感知理论[35,36]的提出为丢失数据的恢复提出了新的思路,结合压缩感知随机压缩的特性,无线传感器网络甚至可以做到无损恢复。压缩感知是一种新的采样理论,它通过开发信号的稀疏特性,在远小于奈奎斯特采样率的条件下,用随机欠采样获取信号的离散样本,然后通过离散样本恢复信号。压缩感知能极大地减少数据的传输量,而无线传感器网络中数据汇聚传输比数据采集消耗更多的能量,这都为压缩感知在无线传感器网络中的应用提供了基础。一些学者提出了基于压缩感知的无线传感器网络压缩策略,把能量、带宽、负载和减少碰撞作为研究热点。文献[37]针对单跳网络中纯发节点随机接入信道的情况,提出了一种随机接入压缩感知应用策略(RACS)。该策略在单跳网络中的纯发节点中随机地选择一个子集,子集中的节点将每次采集的数据通过随机接入的方式发送给汇聚节点。由于碰撞的原因每次接收到的数据会有一定的丢失,为了能有效地恢复出原始数据,RACS提出了充分感知概率的概念,并根据充分感知概率讨论了单跳网络中传输节点数量和采集数据稀疏性的关系。文献[38]提出了一种基于协方差的压缩感知策略(CB-CS),并基于该策略比较了单跳纯发节点网络下多种压缩策略的性能。

本书考虑的是含纯发节点的单跳网络,网络中部署了大量的纯发节点,每个传感器节点在其范围内可以与汇聚节点进行通信。汇聚节点负责接收压缩后的数据,并恢复原始数据。基于压缩传感原理,原始数据可以经过随机压缩而完全恢复。据此本章提出了一种含纯发节点的单跳网络数据采集模型,首先,纯发节点负责测量,随后随机接入信道发射数据,在此期间,测量值被发送到汇聚节点,汇聚节点重建原始数据。在此过程中,在汇聚节点采用相应的稀疏基来恢复数据。在采样过程中,测量矩阵对采样数据进行压缩。因为纯发节点只发送数据,它们之间的通信无法进行协调,两个或更多的数据包在汇聚节点可能会碰撞,不可避免地会造成数据丢失。由于压缩和随机接入的丢失,汇聚中心获得一组不完整的测量数据。为了高概率地恢复原始测量数据,本书根据压缩感知的工作原理,对纯发节点数据的传输过程进行数学建模,将数据汇聚分成两步,即单个节点的采集压缩和多个节点的汇聚传输,分别用测量矩阵表示,在接汇聚节点采用两种测量矩阵组成的复合测量矩阵对数据进行恢复。

3.2　相关理论

3.2.1　压缩感知原理

压缩感知理论首先要求待采样的信号是可以稀疏表示的,然后通过欠采样对数据进行压缩,最后根据压缩后的数据恢复出原始信号。下面分别简介这三个概念。

(1) 信号的稀疏表示

压缩感知理论应用的一个基本前提是信号必须能够在某些变换域下进行稀疏表示。如果一个信号中只有少数元素是非零的,则该信号是稀疏的。通常时域内的自然信号都是非稀疏的,但是在某些变换域可能是稀疏的。设原始信号 $\sigma = [x_1, x_2 \cdots x_N]^T$ 在稀疏基 $\Psi = [\Psi_{i,j}] \in \mathbf{R}^{N \times N}$ 上可以稀疏表示,即 $x = \Psi\theta$,并且 θ 只有 k 个非零元素。信号 x 称为稀疏基 Ψ 下的 k 稀疏信号。根据压缩感知理论的要求,一个 k 稀疏信号可以从随机欠采样得到的信号 $y = [y_1, y_2 \cdots y_M]^T \in \mathbf{R}^M$ 中完全恢复,其中 $M \ll N$。

(2) 信号欠采样

信号的欠采样可以表示为 $y = \Phi x$,其中 $\Phi = [\varphi_{i,j}] \in \mathbf{R}^{M \times N}$ 称为测量矩阵,其构成一般是随机高斯矩阵或者是稀疏二值矩阵等[69]。采样信号 y 中的第 i 个元素的表示为:

$$y_i = \sum_{j=1}^{N} \varphi_{i,j} x_j \tag{3-1}$$

（3）信号恢复

根据压缩感知理论可知,通过求最优一范数问题可以在非常高的概率下恢复出欠采样信号,其中 k 稀疏信号的欠采样次数为 $M=O(k\log N/k)$[70]。最优一范数的表述如下:

$$\underline{\theta}=\mathrm{argmin}\parallel\underline{\theta}\parallel_1,st,y=\Phi\Psi\underline{\theta} \tag{3-2}$$

其中 $\parallel\theta\parallel_1=\sum\limits_{i=1}^{n}\mid\theta_i\mid$ 和 $\hat{x}=\Psi\theta$,矩阵 $A=\Phi\Psi$ 称为感知矩阵。最优一范数问题可以通过基追踪(BP)[71],匹配追踪(MP)[72]等算法解决。

3.2.2　测量矩阵

在压缩感知中,一个非常重要的问题就是测量矩阵的设计。设计稳定的测量矩阵,要使得信号显著信息不会因为维数的减少而丢失。到目前为止,提出了很多的测量矩阵,其中包括高斯矩阵[73]、伯努利矩阵[74]、稀疏矩阵[75]等。测量矩阵需要满足一定的条件才能保证稀疏信号从压缩的样本中恢复,目前常用的主要有以下两种:零空间特性和约束等距性质。

（1）零空间特性

矩阵 Φ 的零空间定义为 $N(\Phi)=\{z:\Phi z=0\}$。由线性代数可知,解集 $\{x\in\mathbf{R}^n:\Phi x=y\}$ 可由原始解和矩阵 Φ 的零空间所确定,即

$$\mathrm{Ker}\ \Phi=\{x\in\mathbf{R}^n:\Phi x=0\} \tag{3-3}$$

矩阵满足 s 阶零空间特性(Null Space Property,NSP),对任意的 $v\in\mathrm{Ker}\Phi\backslash\{0\}$,$T\in\{1,2,\cdots,N\},\mid T\mid=s$ 有

$$\parallel v_T\parallel_1<\parallel v_C\parallel_1 \tag{3-4}$$

零空间特性实际为要求 $\mathrm{Ker}\Phi$ 的非零元素的分布较为均匀,并不会明显地集中于某 s 个元素上。NSP 可以用于分析基于最小化 ℓ_1 范数的稀疏重建算法。即当测量矩阵 Φ 满足 s 阶零空间特性的条件时,基追踪算法能保证对每一个 s 稀疏的向量 $x\in\mathbf{R}^n$ 有唯一的解。

然而验证零空间性质是 NP 问题,因此,考虑采用约束等距性质(Restricted Isometry Property,RIP)对矩阵 Φ 进行分析。

（2）约束等距性质(RIP)

对任意的 $k=1,2,\cdots,K$,定义矩阵 Φ 的等距常量 δ_k 为满足的最小值为

$$(1-\delta_k)\parallel x\parallel_2^2\leqslant\parallel\varphi x\parallel_2^2\leqslant(1+\delta_k)\parallel x\parallel_2^2 \tag{3-5}$$

式中,x 为 K 项稀疏向量;$0<\delta_k<1$,称矩阵 Φ 满足 K 阶 RIP。

在数学模型中,等距表示在度量空间之间保持距离。给定一个度量空间 s_1,当把该空间中的元素单元映射到另一个度量空间 s_2 时,等距变换实现了元素之间的距离在度量空间 s_2 和 s_1 是相等的。因此,对两个具有相同稀疏度的不同的信号,Φ 的 RIP 保持两者之间的距离在观测空间不变。对于具有稀疏度 K 的信号 s_1 和 s_2 表示如下:

$$(1-\delta_k)\parallel s_1-s_2\parallel_2^2 \leqslant \parallel \Phi(s_1-s_2)\parallel_2^2 \leqslant (1+\delta_k)\parallel s_1-s_2\parallel_2^2 \qquad (3\text{-}6)$$

因而随机采样后,具有相同稀疏度的信号 s_1 和 s_2 可能被稳健地区别分开。当矩阵 Φ 满足 K 阶约束等距性质时,Φ 也自动满足 K' 阶约束等距特性,其中等距常量 $\delta_k' < \delta_k$,$K' < K$。

Baraniuk 给出约束等距性的等价条件是测量矩阵 Φ 和稀疏基 Ψ 不相关,即要求 Φ 的第 j 行不能由 Ψ 的列 Ψ_j 表示,且 Ψ 的列 Ψ_j 不能由 Φ 的第 j 行稀疏表示。直接构造一个测量 Φ,使得 $\widetilde{\Phi}=\Phi\Psi$ 满足约束等距性。由于 Ψ 是固定的,要使得 $\widetilde{\Phi}=\Phi\Psi$ 满足约束等距条件,通过设计测量矩阵 Φ 解决。当 Φ 是高斯随机矩阵时,感知矩阵 $\widetilde{\Phi}$ 能较大概率满足约束等距性条件[76]。可以通过选择一个大小为 $M\times N$ 高斯测量矩阵得到,其中每一个值都满足 $N(0,1/N)$ 的独立正态分布。高斯测量矩阵的优点在于它几乎与任意稀疏信号都不相关,因而所需的测量次数最小。但缺点是矩阵元素所需存储空间很大,并且由于其非结构化的本质导致其计算复杂。

其他常见的能使感知矩阵满足约束等距性的测量矩阵的观测矩阵还包括一致球矩阵[77]、二值随机矩阵[78]、局部傅立叶矩阵[79]、局部哈达玛矩阵[80]以及拓普利兹矩阵[80]等。一致球测量矩阵是指矩阵的列在球 S^{n-1} 上是独立同分布随机一致的,并且当测量次数 $M=O(K\lg(N))$ 时,准确重构信号概率很大。二值测量矩阵是指矩阵中每个值都服从对称伯努利 $P=(\Phi_{ij}=\pm 1/\sqrt{M})=1/2$,研究表明当 $K\leqslant C\cdot M/\lg(N/M)$ 时,准确重构信号概率很大,并且重构速度很快。方红等将亚高斯随机投影引入压缩感知理论,给出了两种新类型的测量矩阵:稀疏投影矩阵和非常稀疏投影矩阵。局部傅立叶矩阵可以首先从傅立叶矩阵中随机选择 M 行,然后再对列进行单位正则化得到。傅立叶矩阵的一个突出优点是可以利用快速傅立叶变换快速计算,大大降低采样系统的复杂性,然而由于其通常只与时域稀疏的信号不相关,应用范围受到了限制。局部哈达玛测量矩阵是从 N 维哈达玛矩阵中随机选择 M 行得到,当 $M\geqslant K\sqrt{N/B}(\lg N)^2$(其中 B 是块的维数)时,置乱块哈达玛矩阵可以极大概率准确重构信号。Tsaig 对一致球矩阵、二值随机矩阵、局部傅立叶矩阵、局部哈达玛矩阵的性能进行了比较,发现将这几类矩阵作为测量矩阵时重构信号的误差都比较小,并且随着测量数目的增加进一步减少。

3.3 复合测量矩阵模型

依据压缩感知的计算特点,本节根据纯发节点的通信特性,建立了一个复合测量矩阵计算模型,该模型考虑了在数据汇聚过程中出现的随机碰撞丢包情况,网络拓扑结构如图 3-1 所示,图中 S 节点代表汇聚节点,附近节点为纯发节点且都可以直接和汇聚节点通信。当纯发节点采集到数据向汇聚节点发送时,根据压缩感知理论的要求,首先要通过测量矩阵进行压缩。设 x_i 是传感器节点 n_i 在一段时间内采集到的数据。则实际传输的数据是 $y_i = \Phi_1 x_i$,其中 Φ_1 是测量矩阵。在纯发节点向汇聚节点传输数据时,由于碰撞的原因会有部分数据丢失,其作用相当于传输到汇聚节点的数据经过了测量矩阵的再一次压缩,即 $y'_i = \Phi_2 y_i$。即 $y'_i = \Phi_2 \Phi_1 x_i$。相当于实际的测量矩阵是 $\Phi_2 \Phi_1$,该测量矩阵即是本书提到的复合测量矩阵。利用复合测量矩阵恢复出原始数据有两个问题需要解决,第一接收端必须能够确定丢失数据在采集序列中的位置才能生成对应的测量矩阵 Φ_2。第二是要保证复合测量矩阵 $\Phi_2 \Phi_1$ 构成的感知矩阵要满足 RIP 条件。第一问题可以通过在纯发节点发送的数据包中包含序列字段来解决,第二个问题需要通过约束等距性的定义的进行证明。由于碰撞丢包是一个随机事件,接收到的数据量是不确定的,碰撞的概率直接决定着恢复的效果,除了证明 RIP 条件满足,同时还要给出碰撞概率对恢复数据的影响。证明过程如下:

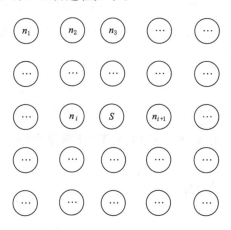

图 3-1 单跳网络拓扑结构

首先给出复合测量矩阵在压缩感知中的基本计算步骤:

① 发送端采集数据 x。

② 发送端通过测量矩阵压缩 $y = \Phi_1 x$。

③ 发送端将压缩后的数据分包并依次插入序列字段,随机接入信道并传输。

④ 接收端接收数据包,根据接收序列生成 Φ_2,并利用已知的 Φ_1 和稀疏基 Ψ 构成的感知矩阵 $\Phi_2\Phi_1\Psi$ 恢复原始数据。

在上面的步骤中,设 $x \in \mathbf{R}^{N \times 1}$,$\Phi_1 \in \mathbf{R}^{M_1 \times N}$,$\Phi_2 \in \mathbf{R}^{M_2 \times M_1}$,$\Psi \in \mathbf{R}^{N \times N}$,$(M_2 < M_1 < N)$。$x$ 是纯发节点为传输采集的 N 个数据组成的向量,Φ_1 是发送前压缩数据用的测量矩阵,Φ_2 接收端根据接收到的数据序列生成的测量矩阵,由于传输会导致碰撞丢失,Φ_2 的作用相当于从发送端发送的数据中随机选择一部分数据,由压缩感知理论可知,感知矩阵满足 RIP 条件。即存在 $\delta_k \in (0,1)$,使得,对任意的 $k = 1, 2, \cdots, K$,感知矩阵 $\Phi_1\Psi$ 满足

$$(1-\delta_k)\|x\|_2^2 \leqslant \|\Phi_1\Psi x\|_2^2 \leqslant (1+\delta_k)\|x\|_2^2 \tag{3-7}$$

为了能无失真地完成对目标稀疏信号的采样,存在一个测量边界,即无失真地恢复稀疏信号的最少测量值。则第一次采样的测量边界为:

$$M_1 \geqslant C \cdot K \cdot \ln(2N/K) \tag{3-8}$$

其中,$C = \frac{1}{4}\ln(\sqrt{24}+1) \approx 0.14$。

由于复合测量矩阵构成的感知矩阵为 $\Phi_2\Phi_1\Psi$,由矩阵的乘法结合律,可以先计算 $\Phi_2\Phi_1$,$\Phi_2\Phi_1$ 的作用相当于从 Φ_1 中随机地选择 M_2 行构成的矩阵,即 $\Phi_2\Phi_1 \in \mathbf{R}^{M_2 \times N}$ 且和 Φ_1 是同类型的测量矩阵。由于 Φ_1 构成的感知矩阵满足 RIP 条件,则只需要 $M_2 \geqslant C \cdot K \cdot \ln(2N/K)$,复合矩阵构成的感知矩阵即可无失真地重建出稀疏目标信号。根据复合矩阵的计算过程可知,M_1 为发送端传输的测量值,M_2 为接收端接收的测量值,设测量值在数据传输的过程中丢失的概率为 p,可知 $M_2 = (1-p)M_1$,即

$$(1-p)M_1 \geqslant C \cdot K \cdot \ln(2N/K) \tag{3-9}$$

在网络规模不同的应用环境中,可通过调节压缩率来提高重建目标信号的效果。

3.4 仿真结果分析

3.4.1 仿真环境设置

仿真实验中采用的拓扑结构如图 3-1 所示,由处于网络中心的汇聚节点和其覆盖范围内的纯发节点构成的单跳网络组成。纯发节点通过随机接入信道的方式,以平均间隔为 1 秒钟的时间向汇聚节点发送 1 个数据包,数据包中包含 6 字节的协议字段,2

字节的采样序列和 2 字节的采样数据。数据的传输速率为 250 kbps。

仿真中所采用的测试的信号由文献[81]提出的合成信号模型生成,该合成信号模型生成的数据通过对比非常接近自然界的真实数据。使用该模型的优势是可以根据需要生成不同时间相关性下的测试信号,这对测试压缩感知理论在不同相关性下数据压缩及恢复效果的表现是至关重要的。图 3-2 中分别展示了两种不同时间相关性的测试信号,图 3-2(a)中是十组时间相关性较弱的信号,图 3-2(b)是十组相关性较强的信号。每组信号都是通过设置相关性参数通过合成信号模型随机生成。

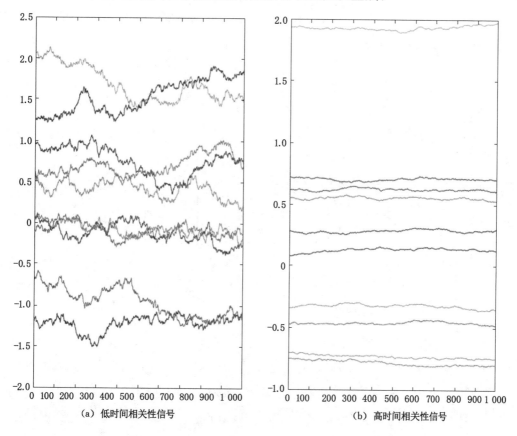

(a) 低时间相关性信号   (b) 高时间相关性信号

图 3-2   不同时间相关性下的信号示例

仿真实验中分别测试了三种不同的复合测量矩阵,由于随机碰撞导致的丢包构成的测量矩阵 Φ_2 是相似的,三种复合测量矩阵的主要区别在于初次采集压缩采用的测量矩阵 Φ_1。仿真中 Φ_1 分别选择高斯测量矩阵、伯努利测量矩阵和随机测量矩阵。随机测量矩阵的构成和文献[37]中采用的测量矩阵相似,其作用是在采集的数据中按照一定的压缩比例选择一部分进行传输。

3.4.2 仿真结果

图 3-3 是六种不同压缩率下的低相关性数据恢复错误曲线。每个坐标图下的参数 a 表示压缩数据占比，a 为 0 时表示无压缩。坐标的横坐标表示实验中的纯发节点数，节点数越多相应的碰撞概率越高。纵坐标表示数据平均恢复错误，计算方法为 $E_t[\|x(t)-\hat{x}(t)\|_1]$，其中 $x(t)$ 表示原始信号，$\hat{x}(t)$ 表示汇聚节点利用感知矩阵恢复的信号。从图中可以看出，压缩率越小，平均恢复错误越小。当压缩率固定时，从六个坐标可以看出一个共同的趋势，就是采用高斯测量矩阵和伯努利测量矩阵的恢复的信号明显比随机矩阵恢复的信号更稳定。

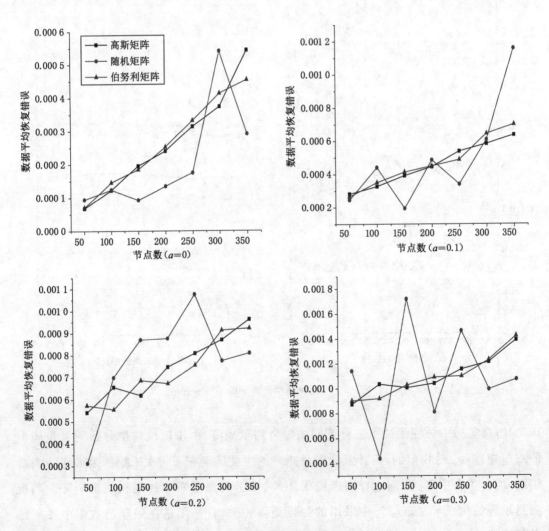

图 3-3 低时间相关性信号测试结果

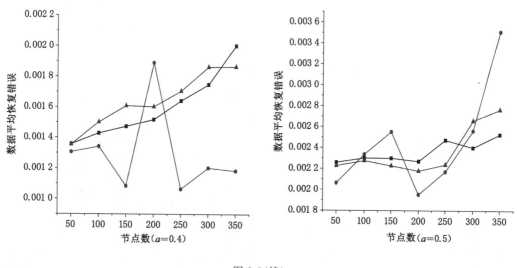

图 3-3（续）

图 3-4 是高时间相关性平均恢复错误曲线。高时间相关性信号的特点是抖动较少,相应的和低时间相关性信号相比,在对应的压缩率下平均恢复错误较低。在高时间相关性信号下,尽管随机测量矩阵的平均恢复错误抖动仍然较大,但是总体恢复效果和高斯测量矩阵及伯努利测量矩阵相比平均恢复错误更低。这主要是由于在高时间相关性信号下,信号变化相对较慢。

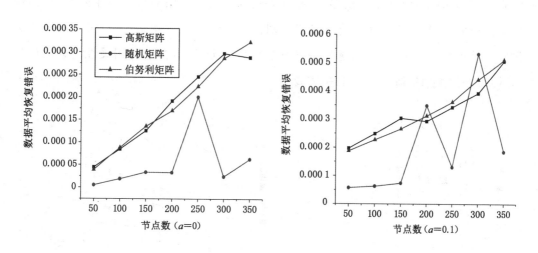

图 3-4 高时间相关性信号测试结果

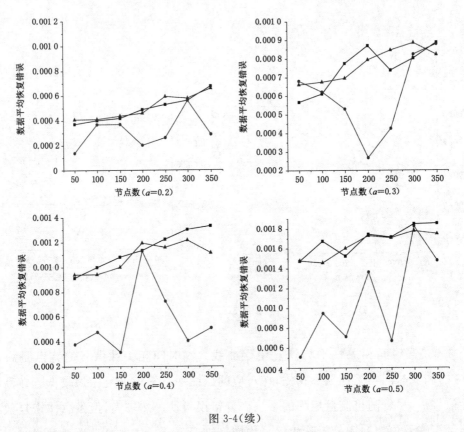

图 3-4（续）

图 3-5 是不同压缩比下高斯矩阵、伯努利矩阵和随机矩阵在两种时间相关性信号下的恢复结果。从测试结果可以看出，在采用高斯矩阵和伯努利矩阵的情况下，随着压缩率的增大和测试节点数量的增多，重构误差逐渐变大。采用随机测量矩阵时，重构误差抖动比较大，恢复效果较不稳定。从信号时间相关性的角度观察，可以发现时间相关性强的信号重构误差较小，尽管随机信号恢复效果较不稳定，在时间相关性较强的信号中，重构误差比高斯矩阵和伯努利矩阵要小。

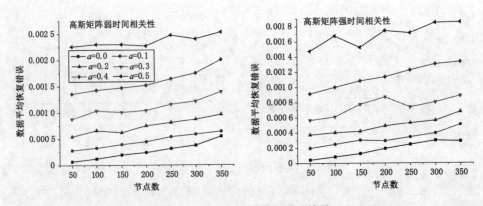

图 3-5 不同压缩比恢复测试结果

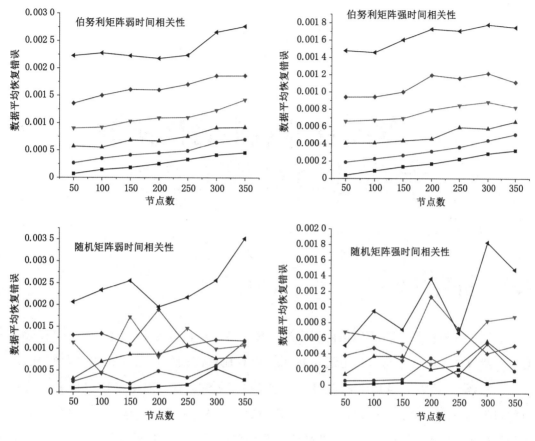

图 3-5(续)

3.5 本章小结

　　本章首先介绍压缩感知在含纯发节点无线传感器网络中的关键作用,即减少数据传输量和有效恢复丢失数据。然后整理了压缩感知和测量矩阵的相关概念及原理。根据单跳网络的工作特点,提出复合测量矩阵的概念。将数据汇聚分成两步,即单个节点的采集压缩和多个节点的汇聚传输,分别用测量矩阵表示。在接收端采用两种测量矩阵组成的复合测量矩阵对数据进行恢复。通过仿真实验,分析了多种测量矩阵的组合方式,并比较了其相应的恢复误差。

4 含纯发节点混合网络的多信道 MAC 协议研究

4.1 引言

    无线传感器网络中一些通信协议会通过多信道的通信方式来解决干扰和多径效应对链路造成的影响。采用多信道通信机制能有效地提高网络的抗干扰能力,增加网络的可靠性,降低延迟并且增加吞吐量[82]。无线传感器网络中采用多信道机制通信的 MAC 层协议较多,包括 Y-MAC[83],MC-LMAC[84] 和 MiCMAC[85] 等。采用多信道方式工作的协议,性能在大多数情况下都是优于采用单信道方式工作的协议,目前大多数多信道协议的设计都是针对收发节点,不适用于含纯发节点的网络。

    针对含纯发节点的混合网络,本章利用多信道通信机制,通过对 LPL 类 MAC 协议进行改进,基于 ContikiMAC[86] 协议设计了一个多信道 MAC 层通信协议 MCTO-MAC (Multi-Channel Transmit-Only MAC)。考虑到混合网络中纯发节点布置密度较高,数据传输过程没有退避机制,而且数据会多次重发,MCTO-MAC 协议通过采用多信道机制将收发节点和纯发节点分别安排到不同的工作信道来提高网络性能。当把节点分属到不同信道时,能有效降低相互之间的干扰,保证数据传输的可靠性。混合网络中的收发节点负责接收附近纯发节点发送的数据,然后转发到汇聚节点,并通过网络层识别来消除网络中冗余数据信息,降低通信能耗。通过在基于 Contiki 系统的仿真平台上实现并仿真比较,MCTO-MAC 协议能在不增加网络能耗的情况下,有效地降低网络数据的相互干扰和通信数据量。

4.2　ContikiMAC 协议

ContikiMAC 协议是 Contiki 操作系统自带的一种 MAC 协议,是一个典型的低功耗侦听类 MAC 协议,主要针对单信道的收发节点设计。协议要求节点周期性地唤醒并检测信道状态,如果检测到信道忙则进入接收状态并开始接收数据;若节点需要发送数据,则采用连续多次重发的方式,保证附近的节点能检测到发送信号并接收。图 4-1 是 ContikiMAC 单播通信示例,发送节点在连续多次发送后被接收方检测到并接收和确认。图 4-2 是广播通信示例,广播节点在广播一定次数后停止发送,接收节点检测到信号后接收数据但不确认。

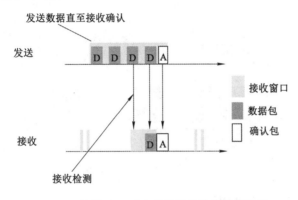

图 4-1　ContikiMAC 单播通信示例

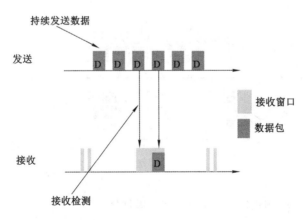

图 4-2　ContikiMAC 广播通信示例

ContikiMAC 协议节省能耗的核心思想是,在信道检测时进行连续两次 CCA 检测来确定信道的占用状态。这和其他低功耗侦听类 MAC 协议中采用一次长时间的信道检测方式相比,能有效地提高节点休眠时长在整个工作时长中的占比。为了保证连续两次 CCA 检测的间隔能正确检测到信道的状态,发送节点在连续发送数据时,数据包长度和发送间隔必须按照一定的时间要求进行。

设 t_i 为每个发送数据包之间的时间间隔,t_r 为能成功检测 CCA 的最短时间,t_c 为连续 CCA 检测的时间间隔,t_a 为接收数据包后发射确认所需的时间,t_d 为成功识别确认包需要的时间。如图 4-3 所示,连续发送的数据包之间的时间间隔 t_i 必须小于连续两次 CCA 检测的时间间隔 t_c,即 $t_i < t_c$,这能保证至少有一次 CCA 能成功检测到信道被占用的状态。如图 4-4 所示为了能保证两次 CCA 能检测到数据的发送状态,数据包的发送时长 t_s 要大于两次 CCA 检测的时间,即 $t_s > t_c + 2t_r$。当数据需要进行确认时,为了防止确认影响信道检测,要保证数据包之间的时间间隔大于确认需要的时长即 $t_i > t_a + t_d$。

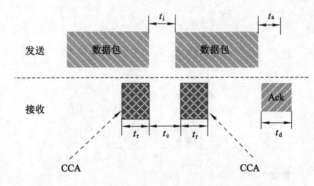

图 4-3　ContikiMAC 发送和 CCA 的时序关系

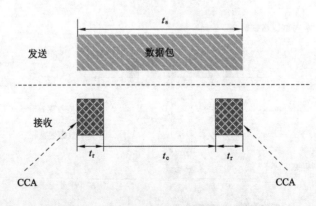

图 4-4　ContikiMAC 发送数据包时长示意

4.3　MCTO-MAC 协议设计

MCTO-MAC 协议设计主要是针对 ContikiMAC 进行扩展。现有的 LPL 类 MAC

协议中 ContikiMAC 具有较好的性能,而且 ContikiMAC 基于 Contiki 操作系统,该系统包含多种网络协议栈,方便组网测试协议性能。

4.3.1　整体概念

协议的主要思想是在含有纯发节点的无线传感器网络中使用两个信道 TO 和 TR,纯发节点工作在 TO 信道,收发节点工作在 TR 信道。如图 4-5 所示,纯发节点在 TO 信道周期性地发送数据包,而收发节点在 TR 信道收发数据并且定时监测 TO 信道中是否存在纯发节点。收发节点工作主要包括 phase A 阶段和 phase B 阶段。phase A 阶段收发节点启动接收功能,检测周围存在的纯发节点,当收发节点监测到 TO 节点存在时,根据接收的时刻和数据包中包含的随机算子,为以后的接收分配接收时隙;phase B 阶段,收发节点工作在双信道,除了使用 LPL 检测 TR 信道,还在 phase A 分配的时隙接收纯发节点发送的信号。协议分配 TR 信道检测时隙的优先级高于 TO 信道的接收时隙的分配,保证收发节点之间的交付率。

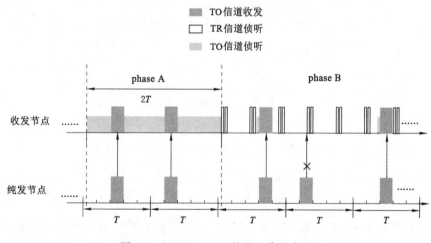

图 4-5　MCTO-MAC 协议工作示意

4.3.2　协议工作流程

MCTO-MAC 主要包含三个部分,分别是纯发节点工作方式,收发节点工作方式和消除冗余策略。

（1）纯发节点工作方式

纯发节点周期性的在 TO 信道发送数据,为了防止相邻节点间信号的连续碰撞,采用随机间隔发送。纯发节点将每一个发送周期 T 分成 N 个间隔 Δt,采用 LCG 算法[87]

生成一个范围在$[0,N-1]$的随机数,计算公式为:

$$X_{n+1}=(ax_n+c)\bmod N, n\geqslant 0 \tag{4-1}$$

式中,N 为总共的间隔数;X_0 是 seed;a 是乘子;c 是增量。算法根据随机数的值通过控制节点睡眠时长来实现随机发送。具体发过程算法如图 4-6 所示,纯发节点启动后,首先采用公式(4-1)实现函数 CalcRandomNum 计算两个随机数,然后通过函数 Set-WakeUpTime (n_0,n_1)设置节点下次醒来需要的时长 T_s。计算方法为:

$$T_s=[(N-n_0-1)+n_1]\times \Delta t \tag{4-2}$$

```
Algorithm ： Transmission scheme for transmit - only nodes
begin
    n0=CalcRandomNum () ；  // calculate random number
    n1=CalcRandomNum () ；  // calculate random number
    loop
        SetWakeUpTime ( n0, n1) ; // set sleep interval
        PreparePkt () ；  // prepare to sending packet
        SendingPkt () ；  // sending packet
        n0=n1;
        n1=CalcRandomNum () ;
        Sleep () ；  // node sleep till next sending
    goto loop
end
```

图 4-6　纯发节点发送算法

通过 PreparePkt 函数填充发送数据包的内容,然后通过 SendingPkt 函数将数据包发射出去,在为下次计算休眠时间准备好随机数后进入休眠状态。

为了保证数据通信的可靠性,纯发节点可以对数据进行数次重发。为了能让收发节点计算出发送序列,每个数据包中都包含和当前发送时刻对应的随机数值。

（2）收发节点工作方式

收发节点除了采用 LPL 机制监听 TR 信道保证收发节点之间的正常通信外,同时每隔一段时间对 TO 信道监听两个发送周期 T 的时长,如图 4-7 所示。为了降低能量消耗,对 TO 信道的监听间隔可以设置一个比较长的时间。在 phase A 阶段,收发节点最多能接收同一个纯发节点发送的数据包两次,若接收到两次,以第二次接收进行时隙分配计算。当收发节点监听到附近的纯发节点发送的数据时,记录接收时刻 t_r,同时根据接收到的数据包计算纯发节点的接收时刻序列。不失一般性,设 phase A 阶段最新的一次接收时刻为 t_{ri},为对应纯发节点的第 i 次发送。在接收的数据包中包含计算随机数的相关参数(m_i,a,c,N),其中 m_i 为当前发送时刻对应的随机数值,a 和 c 分别是计算随机数的乘子和增量，N 是周期 T 的间隔数。计算公式为：

$$t'_{ri+1} = t_{ri} + (T - m_i \Delta t + m_{i+1} \Delta t) - \Delta \delta - \Delta t_B \qquad (4-3)$$

$$m_{i+1} = (am_i + c) \bmod N \qquad (4-4)$$

式(4-3)中 $(T - m_i \Delta t + m_{i+1} \Delta t)$ 为纯发节点下次发送和本次发送的时间间隔；$\Delta \delta$ 为晶振频偏可能引起的最大时间误差，其值为发射最大间隔和时间晶振频偏之积。Δt_B 为物理层发射准备和接收时间差，实际中可以通过实验测定。

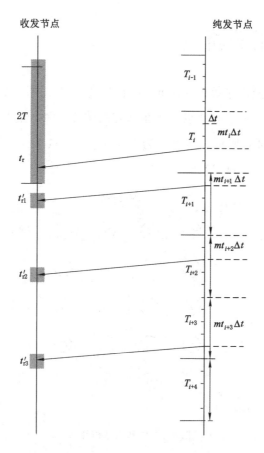

图 4-7   MCTO-MAC 协议收发时刻示意图

在 phase B 阶段，收发节点利用计算出的纯发节点的接收时间序列，在每个接收时刻醒来进行接收。若接收成功，再次更新接收的时刻序列。若接收失败，可以在下个接收时刻再醒来接收。若连续失败一定的次数，则删除该节点接收时刻序列。若接收时刻和 TR 信道检测时刻冲突，可以推迟一次接收时间。

4.3.3   网络层消除冗余

网络中纯发节点可能被多个收发节点检测到，如果不加以消除会在数据传输时产生大量的冗余信息。协议中采用的消除冗余的方法是在汇聚节点对接收到的数据进行判断。当汇聚节点收到两个或多个来自网络中相同纯发节点发送的信息时,根据网络链路质量选择最优的收发节点接收数据。判断链路质量的参数主要是通过接收信号强度指示(RSSI)。若链路质量都能保证稳定接收,选择收发节点覆盖的纯发节点数目相对较少的一方进行接收。该算法能保证网络在运行一段时间后,网中的收发节点接收的纯发节点信息不重复,从而节省节点能量。

4.4　仿真结果分析

在由安装 Contiki 操作系统的 sky moto 节点组成的方格网络中进行测试。网络中包含一个汇聚节点和 25 个采集节点。采集节点每隔 2 s 向汇聚节点发送包含地址和采集信息的数据包,如图 4-8 所示。节点 1 为汇聚节点,节点 2~26 为采集节点。节点通信半径统一为 50 m,节点间距为 20 m。

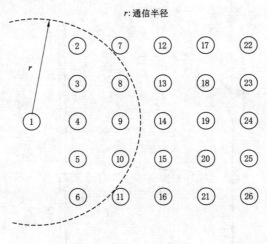

图 4-8　仿真网络拓扑

4.4.1　实验方法

实验中采集节点首先全部选用收发节点,运行基于 Contiki 2.7 的 RPL 和 6lowpan 协议,MAC 层采用 ContikiMAC 协议,如图 4-9(a)所示,记为 case 1,然后令节点 4,节点 14 和节点 24 为收发节点,运行 RPL 和 6lowpan 网络协议,MAC 层采用 MCTO-MAC 协议的收发节点协议。其他采集节点为纯发节点,采用 MCTO-MAC 协议的纯发送算法,如图 4-9(b)所示,记为 case 2。最后网络中只包含三个收发节点:节点 4,节点 14 和节点 24,及一个汇聚节点节点 1。运行 RPL 和 6lowpan 网络协议,MAC 层采用 ContikiMAC 协议,如图 4-9(c)所示,记为 case 3。仿真中所有的纯发节点发送周期均为 2 s,发送的数据包长度相同为 8 B,包含计算随机数的相关参数,发送节点地址和采集数据。主要的比较参数是作业持续率(duty cycle)和数据交付率（PDR）,为了直观反映出网络层消除重复算法的实际效果,对收发节点维护的计时序列缓冲数进行了比较。

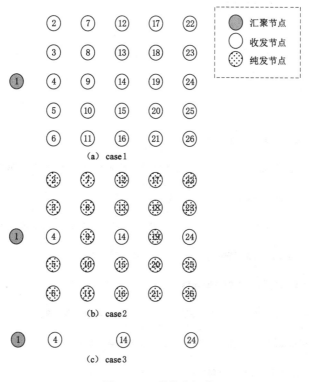

图 4-9   三种仿真拓扑

4.4.2   收发节点和纯发节点相同拓扑下的参数比较

图 4-10 表示的是三种情况下各个节点作业持续率的占比情况。柱状图中每一根柱子分三段,由上到下依次是发送工作之间占比、接收时间占比和监听时间占比。可以看出,case 2 与 case 3 相比,即含纯发送采集节点和不含采集节点的情况相比,case 2 中的收发节点的能耗要高。这主要是由于这些节点除了进行正常的收发通信外,还需要监听纯发节点的存在并分配接收时隙。case 2 和 case 1 相比,网络中纯发节点替换收发节点后,采用 MCTO-MAC 协议的节点 4,节点 14 和节点 24 的能耗有略微提高,但是明显低于 case 1 中节点 8 和节点 10 的能耗;同时可以看出由于汇总转发的原因,case 2 中收发节点的发送能耗比例高于 case 1 中的收发节点。由于纯发节点只发送不接收也不监听,case 2 中纯发节点消耗的能量和 case 1 中收发节点相比几乎可以忽略。这些实验数据表明,包含纯发送采集节点采用 MCTO-MAC 协议的网络将有更长的网络生存时间。

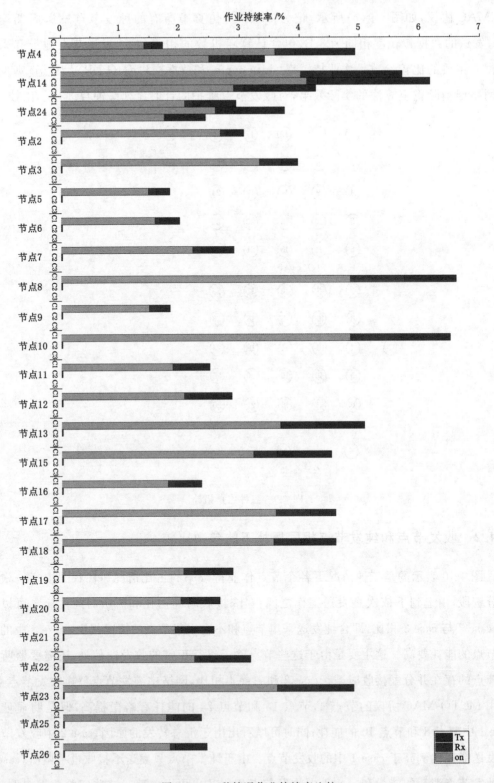

图 4-10   三种情况作业持续率比较

图 4-11 表示三种实验环境下节点的交付率。可以看出，case 2 比 case 1 中采集节点的交付率更高。这主要由于 case 2 中采用的纯发节点工作在和收发节点不同的信

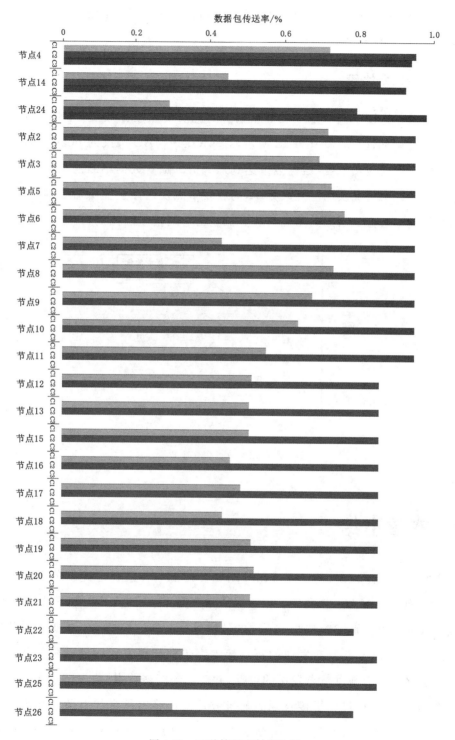

图 4-11　三种情况交付率比较

道,同时发送的数据包更短。图中 case 2 中节点 4、节点 14 和节点 24 的交付率比 case 3 略低,这是由于采用 MCTO-MAC 协议的收发节点在信道切换和时序维护时会导致数据包丢失。通过综合统计,采用 MCTO-MAC 协议含纯发节点的网络交付率比收发节点组成的网络高 36%。

4.4.3　消除冗余比较

通过记录并比较 case 2 中收发节点维护的纯发节点缓存数量,可以直观地反映出网络层消除冗余的性能。如图 4-12 所示,在 MCTO-MAC 协议的 phase A 阶段,收发节点将识别附近的纯发节点,缓存数量达到最大值。随着数据不断的汇聚,sink 节点根据网络数据的冗余情况及消除冗余策略,向收发节点发送停止监听命令,收发节点的缓存逐渐降低到稳定值。消除的重复接收数据量占总通信量的比例为 50%。

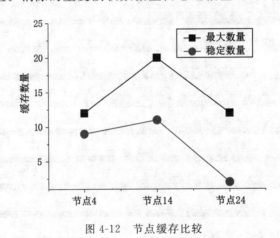

图 4-12　节点缓存比较

4.5　本章小结

本书利用多信道机制,基于 ContikiMAC 设计了一种适合含纯发节点的混合网络 MAC 协议 MCTO-MAC,并设计了相应的消除数据冗余策略。MCTO-MAC 协议将收发节点和纯发节点分别安置到两个不同的信道进行工作。纯发节点根据伪随机数计算的时间间隔进行发送,并且在发送的每一帧中都包含计算发送间隔的随机数种子。收发节点负责接收附近纯发节点发送的数据,并转发到汇聚节点,收发节点定时检测纯发节点工作的信道,并通过分析接收到的随机数种子计算出每个纯发节点接入信道的时间,从而安排后续的接收时间。通过在基于 Contiki 的 sky moto 节点上实现并仿真,该协议可以有效地延长网络生存时间,提高网络节点的数据交付率,减少数据冗余。

5　含纯发节点混合网络的簇首负载均衡方法研究

5.1　引言

在无线传感器网络中混合纯发节点能有效地降低网络部署成本,延长网络的生存时间[3,8,41]。纯发节点不含接收模块电路,因此这些节点的发送是无法进行协调的。网络中具有接收功能的收发节点接收附近的纯发节点发送的数据,并通过多跳转发将数据传输到汇聚节点,这就形成了一种典型的二层传感网络(two-tiered sensor networks)[88,89],网络中收发节点完成簇首节点的功能。由于网络功能的实现主要依靠收发节点,这种网络的能量消耗也集中在对数据接力转发的收发节点。

和传统的全由收发节点组成的网络相比,含纯发节点的无线传感器网络的显著特点是节点密度大且采集数据会多次重发。这都导致进行接力转发的收发节点能量消耗加快。有效延长收发节点的工作时间是延长网络生存时间的关键。文献[90]、[91]指出,通过合理地分配簇首节点之间共同覆盖的采集节点能有效地延长网络生存时间。这些分配策略主要和网络中采集节点的部署密度,簇首节点在网络中的位置以及采用的路由策略相关。然而这些分配策略考虑的都是由收发节点组成的传感器网络。由于在含纯发节点的混合网络中,纯发节点不能接收任何数据,导致这些分配策略并不适用。举例来说,当簇首节点需要对覆盖范围内的节点进行接收确认时,纯发节点根本无法接收到任何信息。

为了解决含纯发节点网络中簇首节点能量消耗均衡问题,本书提出了一种启发式分布算法 LBC-TO(Load-Balanced Clustering strategy for Transmit-Only nodes)。算法通过利用相邻簇首节点之间负载均衡条件,交换簇首覆盖节点的列表,有序地建立接收节点列表。本章的主要特点有:① 根据含纯发节点无线传感器网络的特点,提出了输入输出数据压缩比的概念。② 建立数学模型,推导出相邻簇首节点之间负载均衡的条件。③ 给出了启发算法 LBC-TO,并进行了性能评估。

5.2　相关工作

在混合网络中簇首普遍采用两种方式来汇聚数据,第一种方式是将混合网中的收发节点作为簇首接收附近的纯发节点数据,通过多跳转发将数据传送给汇聚节点。第二种方式是采用移动接收节点,在部署纯发节点的范围内进行移动采集,采集完后移动到汇聚节点附近上传数据。收发节点组成的网络采用的分簇协议,如 LEACH[92]等,能有效地提高网络的生存时间,但是由于混合网络中纯发节点不能接收信号,主要依靠收发节点作为簇首来汇聚数据,有限数量的簇首不适合交替更换,这些分簇协议并不能直接应用。针对第一种方式,文献[8]提出了 M-QoMoR 协议。该协议首先通过汇聚节点将网络中的收发节点组建成一个二叉树状的网络结构。每个收发节点附近,分布着一定数量的纯发节点,这些纯发节点在每个发送周期就会向附近的收发节点广播采集到的数据。汇聚节点每隔一段时间广播一次获取数据的命令,收发节点收到命令后通过二叉树状网络结构将数据上传到汇聚节点。文献[7]验证了在多跳情况下文献[41]提出的收发节点的节能算法的有效性。针对第二种方式,文献[42]提出了一个大范围高密度部署的纯发节点网络中使用移动接收节点采集数据的方案。该方案讨论了多种选路方法,通过理论和仿真分别分析了各种参数,包括节点密度、节点分布范围、接收节点移动速度等对网络性能的影响。这些汇聚方法解决了簇首数据上传的问题,但是没有考虑簇首能耗的均衡问题。

5.3　系统模型和算法

5.3.1　系统模型

如图 5-1 所示,在一个覆盖区域内,部署一定数量的无线传感器网络节点,由两种节点组成,一种是纯发节点,用来感知并发送信号。另一种是收发节点,作为簇首接收纯发节点发送的数据并上传到汇聚节点。作为簇首的收发节点,在接收到一跳范围内的纯发节点发送的数据后,会将数据进行压缩打包向汇聚节点交付。在相邻的簇首中通过合理地分配覆盖重叠区内的传感节点数目,可以让簇首消耗的能量几乎相等,从而延长网络生存时间。

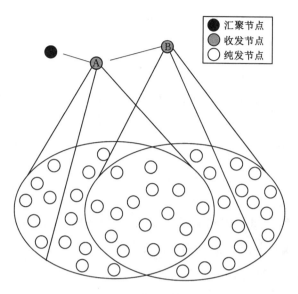

图 5-1 簇首覆盖重叠区示意

设单位时间内簇首接收到的每个纯发节点数据量为 D_{in},将每个节点数据压缩打包向汇聚节点交付的数据量为 D_{out},用变量 $r_D = D_{out}/D_{in}$ 来表示簇首节点对数据的压缩率。设簇首 A 和 B 各自独立覆盖的节点数为 m 和 n,相邻簇首共同覆盖的节点数为 C,簇首 A 和 B 分别接收共同覆盖节点数为 C_m 和 C_n,并且不重复,即有 $C = C_m + C_n$。设节点消耗的能量主要是由收发的数据量组成,发送和接收相同字节消耗的能耗比为 r_T,即 $r_T = T_{out}/T_{in}$。簇首 B 的数据通过簇首 A 转发到汇聚节点,下面分别分析簇首 A 和簇首 B 的能耗。

簇首 B 的能耗由接收数据能耗和发送数据能耗组成,即接收覆盖范围内节点发送的数据能耗和压缩转发的能耗组成。其中接收能耗为覆盖范围内节点发射的数据量,即 $(n + C_n)D_{in}$,发射能耗为压缩后发送的数据量,即 $r_T(n + C_n)D_{out}$。簇首 B 的总能耗 E_B 为:

$$E_B = (n + C_n)D_{in} + r_T(n + C_n)D_{out} \tag{5-1}$$

簇首 A 消耗的能量主要由两部分组成,一部分是本身覆盖节点收发能耗,一部分是转发簇首 B 节点数据的能耗,覆盖消耗主要由接收数据能耗和发送数据能耗组成。接收数据能耗由覆盖的节点发送的数据组成,即 $(m + C_m)D_{in}$,发送的数据由接收后压缩转发构成,即 $(m + C_m)D_{out}r_T$。簇首 A 覆盖节点收发能耗 E_{Ac} 为:

$$E_{Ac} = (m + C_m)D_{in} + (m + C_m)D_{out}r_T \tag{5-2}$$

转发 B 节点数据的消耗为 E_{BtA}，即：

$$E_{BtA} = (1 + r_T)(n + C_n)D_{out} \tag{5-3}$$

因此，簇首 A 的总能耗 E_A 为：

$$E_A = E_{Ac} + E_{BtA} \tag{5-4}$$

若保证簇首 A,B 耗能相等，得：

$$E_A = E_B(m + C_m)D_{in} + (m + C_m)D_{out}r_T + (1 + r_T)(n + C_n)D_{out}$$
$$= (n + C_n)D_{in} + r_T(n + C_n)D_{out} \tag{5-5}$$

将 $r_D = D_{out}/D_{in}$ 代入，令 $m = n = 0$，得：

$$\frac{C_m}{C_n} = \frac{1 - r_T r_D}{1 + r_T r_D} \tag{5-6}$$

上式说明，当簇首 A 和 B 的独立覆盖节点数为零时，共同覆盖节点必须按照 C_m/C_n 的比例来分配，两个簇首节点的能量消耗才相等。

当 m 和 n 为不为零时，由上式可知，如：

$$\frac{m + C_m}{n + C_n} = \frac{1 - r_T r_D}{1 + r_T r_D} \tag{5-7}$$

则能量消耗相等。

从公式(5-6)和式(5-7)可以看出，为了达到能耗相等，簇首必须明确各自接收范围内的节点和与邻居簇首重复接收的节点，从而通过合理分配重复接收节点的数目达到能量的均衡消耗。

5.3.2 LBC-TO 算法

由于含纯发节点的无线传感器网络中，纯发节点无法接收数据，只需周期性地广播数据，簇首分配算法都由作为簇首的收发节点完成。每个簇首都可以接收到覆盖范围内纯发节点发送的数据，这些能够被接收到的纯发节点构成一个最大接收集，由于簇首之间有重复接收的节点，为了达到能量的优化，簇首会从最大接收集中选择一个子集来进行接收，这个经过选择的子集为接收节点集。LBC-TO 分簇算法的实质是簇首之间通过信息交换，从最大接收集中选择一个合理的接收节点集。

LBC-TO 分簇算法内容如下：

① 簇首接收覆盖范围内的纯发节点，记录接收到的纯发节点并保存到覆盖节点列表中。

② 簇首向周围簇首广播覆盖节点列表包。

③ 接收邻居簇首广播的覆盖节点列表包，记录邻居簇首到邻居列表和其覆盖节点

列表。

④ If 接收到邻居簇首发送的接收节点列表包。

⑤ 对邻居簇首进行记录,并从覆盖节点列表中剔除重复节点。

⑥ Else if 邻居簇首列表中,簇首是距汇聚节点距离最近且地址最小的没有进行选择接收的簇首。

⑦ 选择不属于任何邻居簇首的节点为选择接收节点。

⑧ 根据跳数和节点密度选择交付率最高的覆盖节点为接收节点并保存到接收节点列表中。

⑨ 形成接收节点列表包并向邻居簇首广播。

⑩ Else

⑪ 接收全部覆盖节点。

该算法能保证离汇聚节点一跳范围内地址最小的簇首首先选择接收节点集,由于先选择的簇首会选择附近簇首没有覆盖到的节点作为接收节点,这样可以保证离汇聚节点近的簇首尽可能地少选择节点,由于离汇聚节点近的簇首除了要接收纯发节点的发射的信号外,还要转发网络中其他簇首接收的数据,这样可以有效地防止能量的过快消耗,达到延长网络生存时间的目的。

5.4 仿真结果分析

5.4.1 仿真环境

实验通过仿真在 $100 \times 100 \text{ m}^2$ 场地中随机布置一定数目的纯发送传感节点,然后布置一定数目位置确定的收发节点作为簇首和汇聚节点。布置的簇首可以覆盖所有的纯发送传感节点,并且可以通过多跳的方式将接收到的数据转发到汇聚节点。所有节点的通信半径统一设置为 35 m,并假设接收信号强度指示(RSSI)随发射距离增加而变小。纯发节点发送数据包长度为 12 B,包括 2 B 的数据字段,2 B 的地址字段和 8 B 的协议字段,每个数据包在一个发送周期内重复发送 3 次。簇首节点提取数据包中的数据字段和地址字段,以十个数据为一组向汇聚节点转发。能量模型采用第三段中介绍的模型,并假设节点接收和发送一个字节消耗的能量相等。每个簇首节点在网络开始工作时都具有相同的电量。

仿真中统计簇首节点平均能耗和网络的生存时间。网络的生存时间具体指从网络开始运行到第一个簇首能量耗尽之间的时长,以纯发节点的发送一轮数据的平均周期为时间单位。实验中主要将 LBC-TO 和以下几种分簇协议[93,94]进行对比:

① 贪婪分簇协议(GC):作为簇首的收发节点接收通信覆盖范围内的所有传感节点发送的数据。

② 最短路径分簇协议(LDC):该分簇协议分簇后传感节点只向距离最近的簇首节点发送数据。

③ 最小跳数分簇协议(MHC):该分簇协议要求传感节点只向距离汇聚节点跳数最小的簇首发送数据。

如图 5-2 所示,分别展示了仿真过程中不同协议对应的分簇情况。(a) 为 GC;(b) 为 LDC;(c) 为 MHC;(d) 为 LBC-TO。图中,簇的交叉点表示簇首,"+"表示纯发节点,虚线表示簇首通信范围,黑线表示归属关系,汇聚节点处于原点位置。

5.4.2 仿真结果

仿真实验中在仿真区域共布置 9 个簇首节点,完整地覆盖所有随机部署的纯发节点。逐步增加纯发节点的数目。为了进一步展示本书提出算法加上界以后的性能,仿真中用 LBC-TO 和 LBC-TO Max 分别表示不加上界和加上界两种情况。

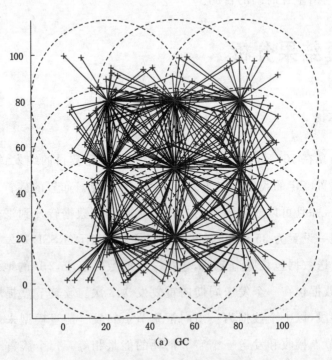

(a) GC

图 5-2 分簇协议分簇示意

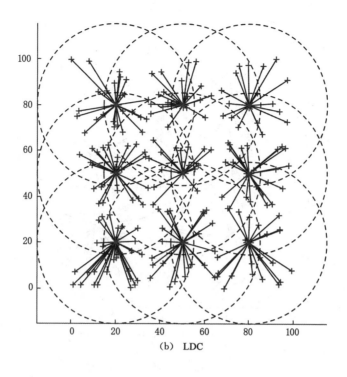

（b）LDC

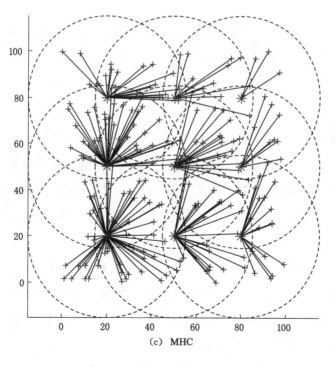

（c）MHC

图 5-2　（续）

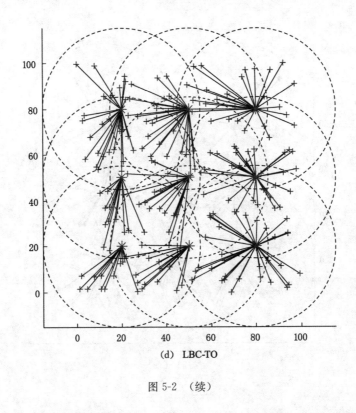

(d) LBC-TO

图 5-2 （续）

　　图 5-3 中表示了各协议中簇首节点的平均能耗和方差。图中的横坐标表示节点数目，纵坐标表示一个工作周期中，簇首节点的吞吐量。从图中可以看出，随着节点数目的增加，簇首平均能耗也在不断增加。其中 GC 能量消耗最多，这是由于在 GC 中每个簇首都尽可能地接收周围纯发传感节点的信号；其他协议平均能耗较接近，这是由于这些协议中一个纯发节点数据只被一个簇首接收。MHC 协议的簇首能耗方差较大，表示其簇首之间能量消耗偏差较大，这主要是该协议导致离汇聚节点近的簇首即要尽可能多地接收周围纯发节点发送的信号，又要转发邻居簇首发送的数据包，导致能量消耗较大。图中可以看出 LBC-TO 和 LBC-TO MAX 协议簇首节点的能耗方差较小。

　　图 5-4 表示不同协议下网络的生存时间和节点数量之间的关系。由图中可以看出，尽管随着节点数的增加，各分簇策略下网络的生存时间都在减小，但其中生存时间最长的是 LBC-TO max 分簇策略。网络中节点数量较少时，LBC-TO 中对上界不敏感，这是由于簇首之间共享的节点数量相对较少，达不到上界过滤的要求。随着节点部署密度变大，上界过滤的对网络生存时间的延长比变得较明显。

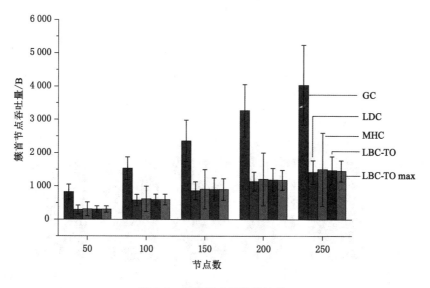

图 5-3　簇首吞吐量仿真结果

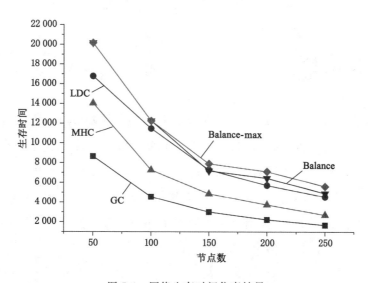

图 5-4　网络生存时间仿真结果

图 5-5 统计了纯发节点发送的数据包送达汇聚节点经过的平均跳数和方差。数据包经过的跳数直接决定着数据的延迟。从图中可以看出,随着纯发节点密度的增加,各分簇策略下数据包的传输平均跳数基本位置不变,其中 MHC 分簇策略的跳数最小,这主要是纯发节点都尽量由离汇聚节点近的簇首接收。LBC-TO 和 LBC-TO Max 分簇协议的平均跳数偏高,这主要是由于簇首在分配节点时考虑的主要因素是能量均衡,相应地,会由转发其他簇首数据较少的簇首接收数据,无形中增加了数据包传输的跳数。

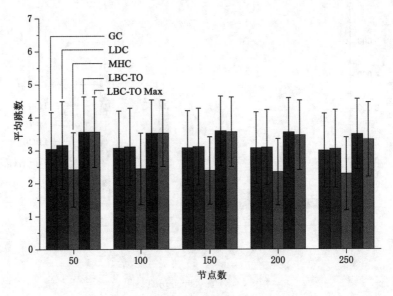

图 5-5　数据包平均跳数仿真结果

5.5　本章小结

　　本章提出了 LBC-TO 分簇策略,该策略针对的是含纯发节点的无线传感器网络,考虑到纯发节点密度高和重发频繁的特点,为了解决网络中簇首节点能量消耗均衡问题,本章根据含纯发节点无线传感器网络的特点,提出了输入输出数据压缩比的概念,并建立数学模型,推导出相邻簇首节点之间负载均衡的条件。算法 LBC-TO 要求簇首节点之间交换覆盖节点的列表,并利用负载均衡的条件,有序地建立接收节点列表。通过仿真实验验证了协议在延长网络生存时间的有效性。

6　基于无线传感器网络的液压支柱压力检测系统

6.1　引言

　　井下支护技术和支护设备在煤炭工业的发展中也逐步进行着更新换代,支护设备先后经历了木支柱、单体金属支柱、单体液压支柱及液压支架几个阶段。木支柱和单体金属支柱已被淘汰,现在主要采用的是单体液压支柱和液压支架。由于我国煤层赋存情况复杂和设备费用的限制,除少数煤矿使用液压支架外,大部分回采工作面的顶板支护均使用单体支护设备[95]。单体液压支柱主要使用在:① 煤矿回采工作面顶板支护;② 煤矿、综采工作面端头支护;③ 回采工作面巷道的超前支护、临时支护。井下单体支柱支护设备与顶板运动和压力有着密切的联系,目前国内单体支护设备的监测主要由人工完成,包括单体液压支柱的压力检测和位移检测。由于顶板状态无法直接测量,一般通过液压支架的压力测量来代替直接测量并用于顶板状态的预测预警。

　　无线传感网络技术的迅速发展,为研发下一代井下支护安全监测提供了技术基础。无线传感网络具有结构灵活、自组织、多跳等特点,适用于恶劣环境,是弥补目前井下有线监控缺陷的有效工具。煤矿井下工作面和巷道是一种"受限、异质、非均匀、时变"的通信空间,若采用有线传输则存在如下问题:有线通信方式布线复杂,劳动强度大且通信线路容易遭到破坏,破坏后恢复周期较长,维护成本高;网络结构不灵活,不适合工作面推进的动态变化要求、扩展性差;监测点相对固定,容易出现监测盲区;监测参数相对固定,不能随时加入新的监测对象,间接增加系统的成本投入。因此采用无线传感网络技术,将有效地解决煤矿井下有线监测线路故障频繁、维护难度大的问题。

　　本章以单体液压支柱支护为中心,针对井下工作面工作环境,介绍基于无线传感器网络的液压支柱压力检测系统的设计及实现。该系统利用无线传感器网络实时监测监控单体液压支柱的实际工作状况,早期发现并更换损坏的单体液压支柱,全面掌握煤矿井下工作面支护状况以及生产现场顶板的实际实时支护情况,提高单体液压支柱的可靠性和安全性,实现井下单体液压支柱在线监测与预警以及顶板事故的自动预报,为广大煤矿工人提供安全可靠的工作环境,保证煤矿井下设备的正常运行。

6.2　液压支柱压力检测系统设计

6.2.1　系统网络组成与结构

　　液压支柱压力检测系统的框图如图 6-1 所示。整个系统分为井上部分和井下两大部分。井上部分主要由服务器、交换机、地面工控机和配套软件系统构成;井下部分由网关节点、路由节点、压力数据采集节点以及本安电源组成。井下部分构成了一个典型的无线传感器网络。为了降低实现的硬件成本和软件成本并减少能耗,单体液压支架的压力监测传感节点全部采用纯发送工作节点。

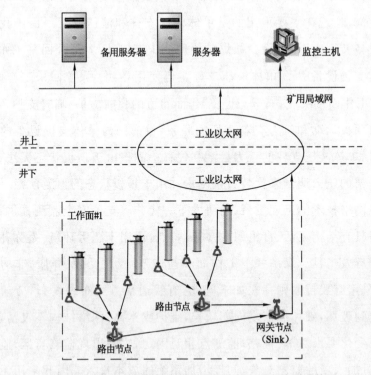

图 6-1　基于无线传感器网络的液压支柱压力检测系统

在煤矿采煤工作面,矿山支护设备液压支柱的布置采用的是线性结构。一般的工作面长度在 $100 \sim 200$ m 之间,支护设备的数量在 120 架左右。根据在多个煤矿实测所得的数据,支柱间距约为 1.5 m,采煤机向右开采后其左侧的支柱前移距离约为 0.4 m,图 6-2 为开采推进过程中支柱分布示意图。每行液压支柱之间的空间可用于安放现场通信设备。

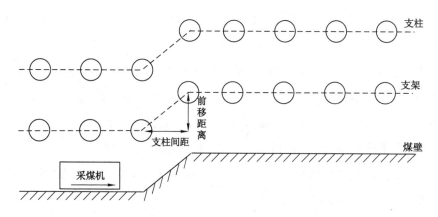

图 6-2 开采推进过程中矿山支护设备分布示意图

在工作面顶板压力监测系统中,采用一个无线节点实现一个支柱压力数据的采集。液压支柱间距很短,因此在采煤工作面上,节点的分布是长带状的。考虑到液压支柱物理布局呈现狭长状态,长度达到数百米,宽度相对来说小得多,结合到能量消耗均衡等问题,因此监测网络的拓扑不适合采用平面的网络结构,簇状网络相对优势比较明显。综合分析,给出一种簇状网络结构,如图 6-3 所示。

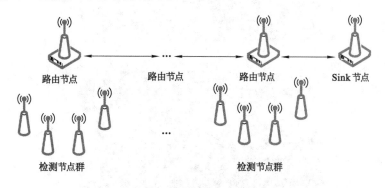

图 6-3 簇状通信网络模型

6.2.2 传感节点设计实现

传感节点是系统采集前端,直接决定着采集数据的准确性和稳定性。本系统传感节点组成的主要部分有压力传感器、防爆电池、无线通信芯片、三用阀接口和防爆壳等。压力传感器采用在南京沃尔科技有限公司定制的 PC10 型压力传感器,量程为 0～80 MPa,非线性参数为－0.11%FS。该传感器由前端承压弹片和后端调理电路组成,每个调理电路在出厂时都已通过精密仪器与相应承压弹片进行校准。测量时,前端弹片形变产生微弱电压信号通过调理电路放大滤波后传送给测量电路进行测量。无线通信芯片采用 TI 公司生产的 CC2530,内置 51 内核和无线通信模块,通信物理层协议为 IEEE802.15.4,工作在 2.4 GHz,有 16 个信道可选,数据传输速率为 250 Kbps。防爆电池选用昊诚公司生产的防爆锂电池,单节电池电压为 3.6 V,电量为 3 400 mA·h。三用阀接口主要针对液压支架三用阀设计,为了增加传感节点的适用性,节点三用阀接口不能改变液压支柱结构。设计的接口通过螺旋安装直接接在柱体的三用阀上。接口安装到位后,会顶开三用阀的单向阀,使柱体内的液体压力加在压力传感器上。图 6-4 (a)中为压力传感器及其调理电路,图 6-4(b)为防爆电池,图 6-4(c)为无线通信芯片和三用阀接口,图 6-4(d)为防爆壳。

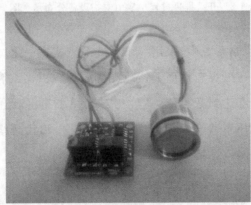

(a) 压力传感器

(b) 防爆电池

图 6-4 节点各组成部分

(c) 电路板和三用阀接口

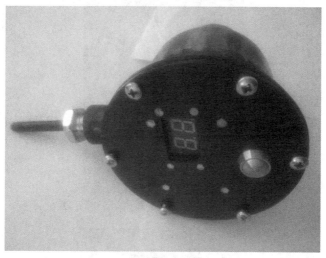

(d) 防爆壳及前面板

图 6-4 （续）

　　传感节点工作中最重要的两个衡量标准是压力测量的准确性和运行功耗。测量压力值的准确与否直接决定了系统的成败，而支柱一旦安装便不可能再更换电池，运行功耗决定了系统的监测时长。

　　测量的准确性主要通过现场测试进行。在液压支柱的生产车间，通过打压机对液压支柱加压，待加压到 40～50 MPa 时，拆除打压机注液枪并换上传感节点。通过测试专用的液压支柱压力计接口获取腔内压力值，并与传感节点所测压力值进行比较；再通过三用阀的卸载阀降压，并记录压力计和传感节点压力变化是否一致来衡量传感节点压力测量的准确性。如图 6-5 所示,图 6-5(a)为测量环境,图 6-5(b)传感节点的安装,图 6-5(c)为测量比较。

(a) 测量环境

(b) 传感节点的安装

(c) 测量比较

图 6-5 传感节点测量准确性测试

节点的运行功耗测试,通过在节点工作电路中串联一个大功率 10 Ω 的电阻,并测量该电阻上的电压变化来进行。测得的传感节点电压波形如图 6-6 所示。传感节点基于嵌入式操作系统 Contiki3.0 实现,图 6-6 中其中每隔 15.6 ms 出现时长约为 1 ms、幅值约为 40 mV 的方波,该方波为 Contiki 系统的工作时钟的工作波形。Contiki 系统在 CC2530 平台上的默认工作时钟为 7.8 ms,为了进一步降低功耗,将系统的工作时钟周期增加为原来的一倍,并修改了相关的底层调用。经测试这样可使传感节点的平均能耗降低约一半。图 6-6 中幅值相对较高的一段波形为节点启动传感器电路采集数据并进行发射的波形,幅值最高的一段时间为无线发射时间,持续约 2 ms。通过将万用表串联进传感节点工作电路,可以测得传感节点在每隔 5 s 发射一次数据的情况下,平均工作电流约为 0.2 mA。在选用 3 节 3 400 mA·h 防爆电池并联供电的情况下,预计至少可以工作 5 年。

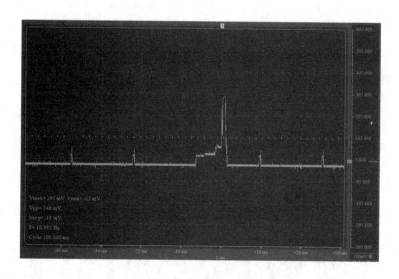

图 6-6 传感节点工作能耗示意

6.2.3 人机交互界面

用户对系统关心的主要方面在于采集数据的内容而不是过程,这在设计和实现人机交互界面时要求尽可能地忽略过程因素而直接给出显示结果。监控主机人机交互界面采用 C♯语言开发。用户通过人机交互界面可以方便地观察煤矿井下工作面液压支柱的实时承压情况,并可对各节点的历史数据进行查看。

(1)人机界面的交互主界面主要包括命令栏和承压显示区。在承压显示区可以实时观察当前工作面全部在线的液压支柱的承压情况。如图 6-7 所示。

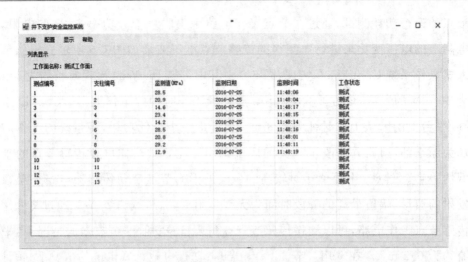

图 6-7　人机交互主界面

（2）为了能更直观地表示各液压支柱承压的相互关系，人机交互界面设计了测点压力实时显示界面。该界面将工作面所有液压支柱的承压数值用柱状图表示，并根据支柱的排列顺序依次显示。如图 6-8 所示。

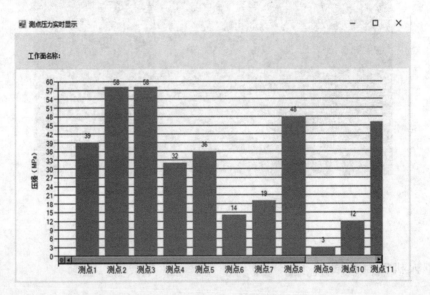

图 6-8　液压支柱承压实时显示

（3）为了方便用户观察单体液压支柱的承压历史情况，人机界面设计了历史数据查询界面。用户可以在该界面下选择当前井下任意一个液压支柱，并选择查询历史范围。界面将以点线图的形式显示支柱承压历史数据。如图 6-9 所示。

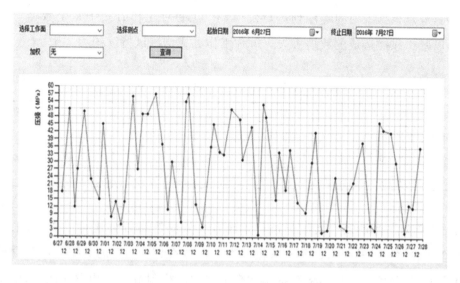

图 6-9　液压支柱承压历史数据查询

6.3　纯发节点在系统中的应用

　　液压支柱压力检测系统中的传感节点采用纯发送工作方式将采集到的压力数据通过转发节点发送给汇聚节点。单跳网络范围内针对纯发节点工作特点，为了减少网络中的连续碰撞，在计算发射间隔时选用了基于识别码的发射间隔生成算法 IBBIGA，在网络层为了延长网络生存时间，分别采用了 MCTO-MAC 和 LBC-TO。下面分别给出各方面的测试结果。

6.3.1　防连续碰撞测试

　　在压力数据的汇聚过程中，由连续碰撞导致的漏读将使测量数据上传失败。为了降低连续碰撞的影响，本系统在基于 Contiki 系统的压力传感节点中实现了 IBBIGA 算法。测试环境是在一个转发节点通信覆盖范围内，放置 80 个传感节点，每个节点通过广播将测量的压力数据发送到转发节点。传感节点发送的数据包总长度为 18 B，包括协议字段、压力数据字段、发射次数字段和校验字段等。节点分别采用三种工作方式依次进行实验，第一种工作方式为等间隔发送，节点每隔 5 s 发射一次。第二种工作方式为随机发送，节点每次发送后随机在 0～10 s 范围内选择下次发送时间延迟，这样可以保证平均 5 s 发送一次。第三种工作方式采用 IBBIGA 算法生成发射间隔来发射数据。IBBIGA 算法根据每个传感节点唯一的 16 位地址，生成一组平均发射间隔为 5 s 的发射间隔序列,节点根据发射间隔序列进行发射。以上每种工作方式中每个数据均重复发送两次,以减少碰撞造成的数据丢失。每种工作方式均测试持续约为 2 h。

表 6-1　传输节点三种工作模式的测试结果

	等间隔发射	随机间隔发射	IBBIGA 间隔发射
漏读率百分比/%	7.71	2.03	1.71
节点平均发射次数	148	143	146
节点发射次数方差	0.3	39.4	0.3

表 6-1 中对三种测试方式结果进行了统计。从漏读率百分比可以看出,采用等间隔发射会造成严重的连续碰撞导致数据丢失。在传感节点发送的数据包中包含节点发射次数字段,将传感节点发射的数据包次数取平均就得到节点平均发射次数,由于三种测试方式时间比较接近,平均次数也比较接近。对测试中节点的发射次数求方差可以看出不同节点的发射次数的差异。节点发射次数方差会造成能耗不均。三种测试中采用随机间隔发射方差最高,使有些节点在达到要求的工作时间之前将能耗耗尽。

6.3.2　组网优化测试

液压支柱压力检测系统主要应用在井下工作面附近,网络呈长带状结构。为了测试方便,在徐州中安机械制造有限公司液压支柱生产车间搭建了一个临时测试环境。测试网络结构示意图如图 6-10 所示,图中由一个汇聚节点和三个转发节点 R1、R2 和 R3,及一排纯发传感节点组成。转发节点间隔约为 40 m,纯发节点之间间隔约为 1 m。这种网络结构和井下工作面构成的网络结构基本相同。

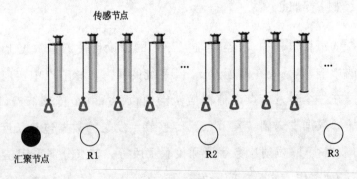

图 6-10　测试网络结构示意

测试主要对针对媒体接入层协议和网络层分簇协议,通过实现多种不同的工作方式,并比较节点的能耗和稳定性来评估协议性能。比较的工作方式如下:

第一种工作方式中节点不采用 MCTO-MAC 协议,转发节点的无线通信模块一直处于监听状态,只要在通信范围内有纯发节点的广播数据即接收,为了测试分簇协议的性能,转发节点在网络层分采用 LBC-TO 分簇协议和不采用 LBC-TO 两种情况进行。

第二种工作方式中转发节点和纯发节点采用 MCTO-MAC 来实现媒体接入方式,其中转发节点和汇聚节点工作在 IEEE 802.15.4 协议定义的 11 信道,纯发节点工作在 IEEE 802.15.4 协议定义的 26 信道。纯发节点的发射间隔生成方法采用 IBBIGA 生成,转发节点的在网络层分采用 LBC-TO 分簇协议和不采用 LBC-TO 两种情况进行。

测试中开启 Contiki 操作系统底层统计通信能耗的功能,该功能可以记录节点工作时发送、接收、监听及待机的时间占比。网络中汇聚节点是有源节点始终处于工作状态,纯发节点能耗较少,网络的生存时间主要由转发节点决定。各转发节点的能耗测试结果记录在表 6-2、表 6-3 和表 6-4 中。

表 6-2 转发节点 R1 工作情况

MAC 协议	分簇协议	发送时间占比	接收时间占比	监听时间占比	休眠时间占比
不采用	关 LBC-TO	3%	3%	94%	0%
MCTO-MAC	开 LBC-TO	1%	1%	98%	0%
采用	关 LBC-TO	3%	3%	3%	91%
MCTO-MAC	开 LBC-TO	1%	1%	3%	95%

表 6-3 转发节点 R2 工作情况

MAC 协议	分簇协议	发送时间占比	接收时间占比	监听时间占比	休眠时间占比
不采用	关 LBC-TO	2%	2%	96%	0%
MCTO-MAC	开 LBC-TO	1%	1%	98%	0%
采用	关 LBC-TO	2%	2%	3%	93%
MCTO-MAC	开 LBC-TO	1%	1%	3%	95%

表 6-4 转发节点 R3 工作情况

MAC 协议	分簇协议	发送时间占比	接收时间占比	监听时间占比	休眠时间占比
不采用	关 LBC-TO	1%	1%	98%	0%
MCTO-MAC	开 LBC-TO	1%	1%	98%	0%
采用	关 LBC-TO	1%	1%	3%	95%
MCTO-MAC	开 LBC-TO	1%	1%	3%	95%

表 6-2、表 6-3 和表 6-4 分别统计了转发节点 R1、R2 和 R3 在多种工作方式下几种不同工作状态的工作时长百分比。从统计结果可以看出,当不采用 MCTO-MAC 协议时,转发节点无法预判传感节点的发射时间,绝大部分时间都处在监听状态,在无线通信节点中监听的能耗和接收基本相同,这并不是电池供电节点能采用的工作方式。对于采用 MCTO-MAC 工作方式的情况下,三个转发节点的休眠时间都达到了 90% 以上。转发节点在没有采用 LBC-TO 簇首负载均衡协议的情况下,越接近汇聚节点的转发节点休眠时间越短,这种情况会严重影响网络的生存时间,在采用 LBC-TO 协议后三个转发节点的休眠时间占比基本相同,防止靠近汇聚节点的转发节点由于能耗消耗过快导致整个网络服务无法继续的情况。

6.4　本章小结

本章介绍了采用含纯发节点的无线传感器网络构成的液压支柱压力检测系统。着重介绍了构成系统的无线传感器网络拓扑结构,前端传感采集节点的设计实现和监控主机的人机交互界面。通过实验,测试了本书前述章节提出的针对含纯发节点的网络协议和算法,验证了其有效性。实验结果表明,通过基于识别码的发射间隔生成算法能一定程度上防止连续碰撞的出现,提高了数据的交付率;通过多信道和负载均衡策略有效地降低了簇首节点的能耗,延长了网络生存时间。

7　基于 Ad Hoc 网络的煤矿救灾机器人 通信系统设计与实现

7.1　引言

我国煤炭产量主要来自井下开采,巷道可长达数十千米,矿井生产工序多,作业地点分散,人员流动性大且工作环境恶劣,事故隐患很多。因此,煤矿井下开采作业相对于其他职业来说危险系数较高,安全至关重要。然而,煤矿事故发生的原因极为复杂,各类灾害事故存在突发性、灾难性、破坏性和继发性特点[96]。一旦发生事故,常造成井巷工程或生产设备毁坏、人员伤害、电力供应中断且存在毒烟煤尘和高瓦斯等,使人工搜救异常困难。因此,为了使矿井救灾工作顺利开展,减少救灾过程中进一步的人员伤亡,迫切需要研发替代或部分替代救险队员进入矿井灾害现场进行环境探测的煤矿救灾机器人。这种机器人主要是探测、采集和发送矿井灾害现场的环境参数和信息,包括瓦斯、CO、O_2、温度和其他灾害特征气体等参数、声音和视觉图像信息等,有助于救灾指挥人员及时了解矿井下灾害现场的情况,为救灾决策提供依据。显然,遥控主机与救灾机器人之间的通信系统是其中的关键,机器人采集的信息要能够及时传送给遥控主机,遥控主机也要随时向机器人发送控制命令。对于这种移动通信,需要建立一个可靠、实时的煤矿救灾机器人无线通信系统,才能使煤矿井下环境探测与搜救机器人发挥应有的作用。这对于煤矿安全生产,建立特种危险环境下的工业救灾体系具有十分重要的意义。

对于矿井救灾机器人的研究,美国起步较早,已有多家高校或研究机构研发了针对不同用途的矿井救灾机器人。如美国智能系统和机器人中心开发的 RATLER 矿井探索机器人、美国南佛罗里达大学研制的 Simbot 矿井搜索机器人、卡内基梅隆大学机器人研究中心开发的两款全自主矿井探测机器人 Groundhog 和 Ferret 以及 Remotec 公司制造的 V2 煤矿救援机器人等[97]。上述矿井搜救机器人离实际应用的要求还有很大距离。例如，RATLER 矿井探索机器人的通讯方式单一，通讯距离短；机械结构方面，其原型设计是基于野外全地形运动车辆的使用要求，没有按照适合于矿井环境来设计运动系统，底盘较低，越障性能一般，且没有任何自主避障方面的设计。Simbot 是一种体积非常小的机器人，这就决定了它不可能拥有较远的控制范围，只能在较近的范围内进行有线控制，携带的传感器数量也很有限，必须由搜索队员携带下井，使用方式非常有限。Groundhog 机器人的自主性和移动性都非常强，但它是为了探测正常矿井地形而设计的试验平台，携带有非常多的仪器设备，由于美国的矿井巷道比较宽敞，道路平坦，瓦斯含量少，条件比较优越，所以其设计的体积巨大，并不适合用作煤矿搜救，曾经陷入泥浆地，被用线缆拉了出来。V2 机器人是比较成熟的一款矿井救灾机器人，结构设计很好，但体积略显巨大，而且也没有自主避障功能，仅仅是遥控而已，并且只有光纤一种通讯方式，其可靠性也有待提高。

针对上述救灾机器人存在的问题，在设计中，要求针对煤矿井下灾难后的实际应用环境，为机器人的远程遥控操作、数据采集传输(包括视频、音频等信号)，以及多机器人间的通信与协调，提供一个切实可行的通信平台。该平台应能结合光纤通信与无线通信的特点，同时利用两种传输媒质实现双向通信，提高系统的可靠性和灵活性。本书主要围绕无线通信平台的建立展开讨论，通过分析煤矿井下的无线传输特性，提出构建基于 Ad Hoc 网络的无线通信解决方案，设计了煤矿井下救灾机器人通信系统，以保证所研发的机器人能适应环境并发挥作用。

7.2 煤矿救灾机器人通信系统设计

7.2.1 系统构成及主要技术指标

在煤矿井下，由于巷道的弯曲、巷道壁对无线电波的吸收和多径效应[98]等原因，无线信号覆盖的范围有限。当遥控主机和机器人之间距离太远、或由于巷道拐弯，彼此不在对方无线信号覆盖范围之内时，将导致无法通信。因此，需要加入无线通信中继节点，并保证两个相邻的无线节点在彼此的覆盖范围之内，通过多个无线通信中继节点的转发，实现遥控主机和机器人之间的远距离通信。

因此，煤矿救灾机器人的通信系统由机器人端通信接口、无线中继模块(中继节点)、遥控主机端通信接口和上位机(PC 机)控制与显示模块组成。系统构成原理如图 7-1 所示。其中机器人端通信接口、若干无线中继模块和遥控主机端通信接口,是构成通信信息传输系统关键部分。遥控主机中装有上位机控制与显示的软件模块,用于控制系统通信的方式、传输速度等,并显示井下机器人采集来的图像和数据。在两个通信接口之间的无线多跳 Ad Hoc 网络是本书研究的重点,由安装在机器人身上的机器人端通信接口中的无线通信模块、一定量的无线中继模块和与遥控主机相连的主机通信接口中的无线通信模块组成。

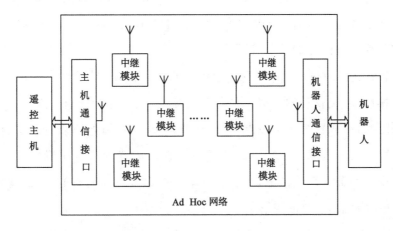

图 7-1 系统构成

在 Ad Hoc 网络中,构成的通信链路的主要技术指标有:

(1) 由于数字视频信号的通信要求,链路的传输数据速率应该达到 128 kbps 以上,至少要达到 64 kbps。

(2) 链路的工作时间不少于 2 h。

(3) 链路的距离应不小于 2 km。

(4) 工作环境:温度 0～+40 ℃,湿度 5～98％RH。

(5) 采用防爆设计,电路设计成本安电路型,防护等级:IP65。

(6) 具有良好的抗震性能和抗干扰能力。

7.2.7 系统特点

所有中继节点将由机器人一次全部携带进入救灾场所,节点的放置由机器人自己完成。机器人一次能够携带的中继节点数量和每个中继节点的有效覆盖范围,将决定机器人能到达的最远距离,而节点的最小工作时间,将决定机器人的有效工作时间。为此:

（1）首先要努力减少中继节点的体积和重量、延长节点的工作时间。对于移动的中继节点，大多只能采用电池供电，电池的体积和重量在节点中占有很大的比重。为了延长节点寿命，往往需要增加电池容量，于是也带来体积和重量的增加。也就是说，延长节点寿命和减少节点的体积和重量之间存在着矛盾。合理的解决办法，是在采用高能量比的电池的前提下，努力降低节点的功耗。

（2）其次，要努力增大中继节点的有效覆盖范围。用提高发射功率来增大中继节点的有效覆盖范围简单易行，但是会增加节点的功耗，所以只能从提高发射效率和接收灵敏度两方面来考虑。目前的无线通信设计通常采用专用器件，于是选择能够增大中继节点的有效覆盖范围的器件是必须的。

（3）中继节点作为路由器，需要运行相关的路由协议，进行路由发现、路由维护等常见的路由操作，对接收到的信宿不是自己的分组，需要进行分组转发。机器人每行走一段确定的距离，就放置若干个节点，或者在通信效果变差时，重新进行选路和建路，节点间的链接取决于节点间的距离和结合的自发性。放置的节点一般情况下不再移动，机器人携带剩下的节点继续前进，节点的移动性引起节点间距离的变化，使网络具有自组织特性，从而构成 Ad Hoc 网络。

（4）在矿难发生后，由于废墟障碍物的存在，限制了节点的无线传输范围，使得实验证明了在物理位置上处于无线覆盖范围内的节点不一定能直接通信，现有的 Ad Hoc 网络性能将会下降，设计的路由协议应具有动态维护能力。

（5）在以信息采集为主的救灾机器人通信系统中，上、下行信息量是严重不对称的，下行比上行要小得多。设计的通信协议，必须能适应这种不对称性。

上述特点说明了，对煤矿救灾机器人通信 Ad Hoc 网络中的研究很大程度上不同于一般的 Ad Hoc 网络。在组建实际使用的煤矿救灾机器人通信 Ad Hoc 网络中时，考虑上述矿井环境无线信道的特点以及煤矿救灾机器人通信 Ad Hoc 网络中所具有的特殊性，最大限度地发挥整个网络的工作性能。

7.2.3 网络结构

在井下移动通信中，组建临时的通信网络的节点数量不会太多，网络的规模不大，节点的路由消耗也不会太大，另外，网络的组建一般是救灾机器人进入现场放置节点进行，因此担任中心节点的簇头不容易确定。所以，构建基于 Ad Hoc 网络的煤矿救灾机器人通信系统，可以选择平面式网络结构。

根据图 7-1，由于链路的不对称性，与遥控主机相连的遥控主机端通信终端节点和机器人相连的机器人端通信终端节点可以看成是两种不同的节点,因此整个链路中需要三种节点:遥控主机端的无线端节点 Starter(一般情况下不移动)、机器人端的无线端节点 Ender(同机器人一起在移动)、中继数据的无线中继节点 Repeater(一般情况下不移动)。Starter 和 Ender 向控制端和机器人端提供无线通信服务,Repeater 负责中继Starter 和 Ender 通信的无线数据。为了节省能量,三类节点均采用单收单发的无线传感网收发模块,整个网络只能是半双工通信。上行传输表示数据从 Ender 发往 Starter。下行传输表示数据从 Starter 发往 Ender。基于 Ad Hoc 网络的救灾机器人通信系统网络结构如图 7-2 所示。

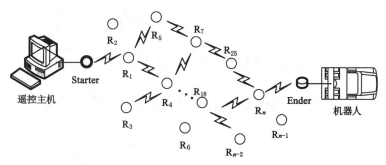

图 7-2　系统网络结构

在后面的数据链路层和网络层提出的适合于救灾应急通信网络的协议和算法都是基于图 7-2 的网络结构。其中节点的特性主要有:

(1) 网络中每个节点的发送和接收半径都为 R。

(2) 每个节点有一个全局唯一的 ID,并且具有相同的通信带宽能力。

(3) 节点的数据包发送过程相互独立,各节点失效是相互独立的,并且节点工作在半双工状态。

(4) 当两个节点间的距离不大于节点最大的无线传输距离时,这两个节点是可以直接通信的。

(5) 如果两个节点间存在一跳或多跳连接,则两点间存在通信路径。

本书为了方便描述,下文中出现的 S 表示 Starter,E 表示 Ender,R1 表示 Repeater_1、R2 表示 Repeater_2、以此类推 Rn 表示 Repeater_n。

7.2.4　通信协议设计思路

前面的协议体系是一个通用的 Ad Hoc 网络协议体系,对于具体的应用场合,该协议体系可以简化,去掉不必要的功能模块或添加新的模块,并根据系统的要求和应用的特性作进一步的细化。基于 Ad Hoc 网络的煤矿救灾机器人通信协议设计,也基本上借鉴分层的网络协议体系结构,只是在 Ad Hoc 网络通用协议体系的基础上进行了简化。如图 7-3 所示。

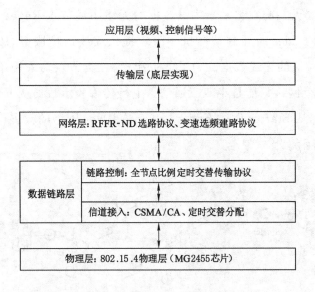

图 7-3 系统通信协议模型

基于 Ad Hoc 网络的煤矿救灾机器人通信协议模型的物理层提供 MAC 层与无线物理通道之间的接口,主要完成:频道选择、对当前频道进行能量检测、链路质量指示等功能;数据链路层的 MAC 子层通过封装物理层,为网络层提供了一个接口,主要完成:设备间无线链路的建立、维护和结束,帧的传送与接收,信道接入控制等功能;数据链路层的 LLC 子层通过重传、确认机制实现建路后的可靠通信;网络层主要负责网络拓扑选择、路由等功能;传输层实现计算机端通信终端和机器人端通信终端的端到端传输,由于底层的链路层通信能够实现可靠通信,只需简单封装上层数据交由下层发送和从下层接收数据即可实现可靠传输。应用层则是各种具体服务,包括视频/音频多媒体信号和串口控制及检测信号等。在本设计中,物理层主要由无线收发芯片本身实现,采用的是 IEEE802.15.4 的一部分功能。而传输层和应用层高层协议交给系统处理,所以协议设计的主要工作是在数据链路层和网络层。下面将分别予以介绍。

(1) IEEE802.15.4 支持的物理层

在无线通信领域中,最宝贵的就是频带资源。因此,选用频带是一个值得认真考虑的问题。射频频段通常可以采用 ISM(Industrial Scientific Medical)频段。采用该频段的优点是没有使用授权的限制,无需向专门机构提出申请即可使用该频段。IEEE802.15.4 协议的物理层标准,如表 7-1 所示。工作于 868/915 MHz 频段的物理层提供 20/40 kbps 的数据传输率,适用于低速率、高灵敏度和大覆盖面积的场合;工作于 2.4 GHz 频段的物理层提供 250 kbps 的数据传输率,适用于高吞吐量、低时延或低作业周期的场合。

本书采用 Radio Pulse 公司的 MG2455 芯片,使用的是 ISM2.4 GHz 的免费频段。该芯片支持 IEEE802.15.4 协议的 2.4 GHz 物理层标准,包括 ISM 频段的 16 个信道,其定义如下。

$$f_c = [2\ 405 + 5(k-11)]\ \text{MHz} \quad k=11,12,\cdots,26 \tag{7-1}$$

表 7-1　物理层标准

赫兹/MHz	频带范围	调制方式	比特率/Kbps	信道	符号阶段	扩频方式
868	868~868.6	BPSK	20	1 二进制	直接序列扩频(DSSS)	
915	902~928	BPSK	40	10 二进制	同上	
2 450	2 400~2 483.5	O-QPSK	250	16	十六进制正交	同上

基于 Ad Hoc 网络的煤矿救灾机器人通信系统利用 2.4G 上定义的 9 个信道进行通信,即在公式(7-1)中,k 取奇数,并且将 $k=26$ 的信道用于选路广播。

MG2455 还提供了空闲信道检测功能和能量检测功能。通信数据传输率可以选择 250 Kbps、500 Kbps 和 1 Mbps。

(2) 选路和传输不同的数据链路层

基于 Ad Hoc 网络的煤矿救灾机器人通信系统的数据链路层的 MAC 子层主要实现不同中继节点如何共享可用的介质资源,即控制节点公平、有效地访问无线信道。它接收物理层的原始数据位流以组成帧,控制节点接入信道,并在节点之间传输;LLC 子层,用链路层帧封装传输层数据,用简单丢弃算法实现流量控制、差错检测、CRC 校验。通过重传和确认机制实现了建路后的可靠通信。其中 ACK 应答确认、重传机制、变速选频等,是本书探讨的主要方面。

在矿井救灾通信中使用 Ad Hoc 网络技术,要选择一条稳定可靠的路由,需要控制中继节点公平、有效地访问无线信道。CSMA\CA 是使用载波监听的无线分组网媒体接入控制协议。该协议的基本思想是节点在发送数据之前,首先对信道进行载波侦听,信道空闲时才发送报文,如果信道忙,则根据不同的策略退避重发。竞争协议简单易实现,在业务量负载较小时运行良好,此时分组碰撞较少,可取得较小的分组时延;但随着业务量负载的增加,分组碰撞增多,信道利用率反而下降,会造成协议运行的不稳定。同时,它们很难支持对于时延敏感的业务。由于选路和建路的业务量负载较小,因此在选路和建路阶段采用了 CSMA/CA 协议。选择路由时采用单信道的 CSMA\CA 接入机制,所有的信号都在同一个信道(26 信道)上广播传输。该机制设计简单,容易实现。建立路由时采用多个信道的多址接入,其过程类似于单信道的 CSMA\CA。不同于单信道的是系统在进行信道分配的同时完成信道的预约,使节点得到信道的使用权。

机器人在行走的过程中需要传输视频信息,针对网络中传输实时业务的应用需求,需要采用基于分配的 MAC 协议来保证业务的 QoS 需求。在常用的三种分配接入协议中,FDMA 的方式设备成本高,频率管理麻烦且利用率低,动态分配和调整的能力差,在此并不适用。CDMA 的方式具有较大的网络容量和接入效率,可满足骨干网大数据量通信的需求,避免节点对信道接入的冲突,其不足之处是技术实现难度较大,成本较高,易受到多窄带干扰,使系统性能恶化,有时甚至无法达到实用要求。同时,为解决远近效应问题,CDMA 需进行严格的功率控制。目前虽然有一些在 Ad Hoc 网络中采用 CDMA 接入的协议提出,但是都无法应用于实际的 Ad Hoc 网络。TDMA 作为一种有效的通信方式已得到了广泛的应用。TDMA 多址接入技术特有的突发通信模式具有良好的抗截获和抗干扰能力,组网灵活性强,使用的是时间维的信道,有效地解决了隐藏终端和暴露终端问题,可满足煤矿救灾通信视频的传输。但是,在 Ad Hoc 网络中,不存在可以直接与所有节点通信的中心节点,网络中的节点一般要经过多跳才能与其他节点通信,在这样的网络中采用 TDMA 接入,时隙同步问题变得很复杂。

针对以上问题,本书提出了一种定时交替的分配接入协议。该协议的时隙同步问题较为简单,节点通信时将通信信道分为 9 个不重叠的信道,通过给每个节点分配各自不同的信道,相邻的节点可以在不同的信道上同时发送数据,并定时地交替通信,从而提高空间复用,增加系统的吞吐量。基于定时交替方式的 MAC 协议相对于竞争接入方式的 MAC 协议能够实现无冲突的调度,通过清晰的信道分配带来更好的信道利用率,同时还具有处理不同优先级业务类型的能力,随着多媒体业务和有 QoS 要求的业务的增长,分配方式的 MAC 协议将体现出更多的优势。

因此,本书在选路和建立时采用的是一种基于冲突避免的载波侦听多址接入竞争协议;建路后的可靠通信采用的是定时交替的分配协议。

(3) 网络层选路设计基本思路

基于 Ad Hoc 网络的煤矿救灾机器人通信系统的网络层主要是实现端节点通信路径的发现和建立。遥控主机端和机器人端的通信,需要有中继节点负责路由功能,从而将数据从源节点经中间节点的转发传输到目的节点。网络层协议的设计需要能以最快最优的方法发现源节点和目的节点的路径。然后建立这条路径。针对煤矿井下恶劣环境,以及灾难发生时特殊要求等原因,在将构建基于 Ad Hoc 的救灾通信网络的同时,如何尽可能地提高救灾通信网络的路由性能,如网络延迟、数据可靠性传送、健壮性等,是本书的主要方面。

设计和开发选路协议是本系统网络层的难点之一。选路协议的设计要求除了具有 Ad Hoc 网络选路协议的设计要求外,还具有本系统自身的特点。

(1) 由于机器人每行走一段确定的距离,就放置若干个节点,放下的节点一般情况下不再移动,机器人携带剩下的节点继续前进,节点的移动性引起节点间距离的变化,这使得网络拓扑结构动态变化,导致节点通信链路经常断开。在这种特殊的网络环境中,一个好的路由协议应当主动地适应网络拓扑结构的变化。

(2) 遥控主机端需要将控制命令下行传送给机器人,时延要在一定的控制范围内,选路和建路的时间要短。

(3) 无线信道作为一种共享的传输媒介,分配到每一个节点的带宽是非常有限的。所以,选路协议应该花费最小的选路控制开销,以提高带宽效率,使更多的带宽用于网络的数据传输。当然,要实现一个整体性能优秀、满足各方面要求的路由协议存在一定的难度,因为对选路协议的要求之间本身就存在着冲突,比如动态适应性和低控制开销之间就存在一定冲突。

针对以上特殊的要求,本章节提出一种目的节点的邻居节点递归筛选的快速选路协议 RFFR-ND(Recursive Filter Fast Routing Based on Neighbor of Destination Node Protocol)。该协议采用按需驱动的路由机制,采用邻居节点发现用于收集网络拓扑信息的洪泛路由策略。在洪泛过程中,源节点通过 MAC 层广播机制将数据广播到邻节点,第一次收到该数据包的节点再将数据包广播出去,这样数据包就从源节点一层一层地向外扩散到整个网络,让每个节点都能接收并传输一次。每个节点只传送一次的规定确保洪泛过程能够结束并且避免出现环路。通过在数据包中添加信息标志就可以实现每个节点在收到同一个数据包时,只在第一次时传送该数据包。洪泛不需要预先知道和维护任何拓扑结构信息。该选路算法只在两个端点之间进行选路,选路中出现的源节点与目的节点之间以外的其他节点都是待选节点,待选节点只维护到目的节点的路径,这样能有效节省通信资源,实现快速选路。选路结束后,采用变速选频思想实现通信路径的建立。

7.3 煤矿救灾机器人通信协议设计

7.3.1 数据链路层协议设计

本书在选择路由、建立路由和传输通信时采用了不同的接入机制。

(1) 信道分配

本书使用的是 2.4 GHz 物理层标准,在选择通信路径阶段使用 2.4 GHz 频段的第 26 个信道。一旦选出一条路径后,需要建立这条路径,使路径上节点进入定时交替的通信状态。建路采用多个信道之间选频的算法实现,因此需要进行信道分配。

节点间的通信必须处在相同的信道。2.4 G 的物理层标准通过直接序列扩频技术将无线频谱分为 16 个信道,频间间隔为 5 MHz,如公式(7-1)所示。但是完全不重叠可同时无干扰工作在辐射范围内的频间间隔至少要 10 MHz。信道分配采用信道之差至少大于 2 的原则[99]。为了避免频间干扰,本书使用 2.4 G 16 个信道中的 9 个信道,分别是 11,13,15,17,19,21,23,25,26。其中 11 信道分配给节点 S、25 信道分配给节点 E、26 信道在选路时已经分配给每个节点,则在建路时 26 信道为每个节点初始化信道。所有中继节点的频率分配采用信道编号 0~5 循环的方法来选择信道分配。如表 7-2 所示。

表 7-2 信道分配表

信道编号 N	0	1	2	3	4	5
信道	13	15	17	19	21	23
频率/GHz	2.415	2.425	2.435	2.445	2.455	2.465

在进行选频通信时,为了保证节点间的正确选频,需要知道每个节点的下一跳和上一跳节点的信道。因此,对每个节点进行信道分类。源节点 S 有三类信道,分别是:初始化 Init 信道、本节点的 Self 信道和下一跳节点 Down 信道;中继节点有四类信道,分别是:初始化 Init 信道、本节点的 Self 信道、下一跳节点的 Down 信道和上一跳节点的 Up 信道;目的节点 E 有三类,分别是:初始化 Init 信道、本节点的 Self 信道和上一跳节点 Up 信道。

设 N_{Self} 为本节点的信道编号,N_{Up} 为上一节点的信道编号,N_{Down} 为下一节点的信道编号,H_T 为建路命令包 BROP 格式中的 Total Hop。H_R 为建路命令包 BROP 格式中列表的 Remaining Hop。建路命令包 BROP 的格式见 7.3.2 节。通过公式(7-2)计算出信道编号,然后对照表 7-2 信道分配表可以知道每个节点的 Self 信道、Up 信道和 Down 信道。

$$\begin{cases} N_{self} = (H_T - h_R) \text{ Mod } 6 \\ N_{UP} = [(H_T - H_R) - 1] \text{ Mod } 6 \\ N_{Down} = [(H_T - H_R) + 1] \text{ Mod } 6 \end{cases} \tag{7-2}$$

(2) 节点地址分配

系统刚开始工作时,各节点把自己的地址设置为默认值,由源节点 S 发起组网进而快速组网。各节点地址分配如图 7-3 所示。

节点	S	R1	R2		R10	...	E
地址	0x00	0x01	0x02		0x0A		0xFE

图 7-3 节点地址分配

(3) 冲突避免的载波侦听机制(CSMA/CA)

本系统在选路和建路上采用的是 CSMA/CA 的基于竞争机制的一种信道接入方法,以 CSMA 的方式独立接入信道,通过随机延时退避算法,减少碰撞概率。CSMA/CA 包括载波检测机制和随机退避规程。

CSMA/CA 的基础是载波侦听,根据无线媒体特点提出了两种载波检测方法。一种是基于物理层的载波检测 CS,从接收射频或天线信号检测信号能量或根据接收信号的质量来估计信道的忙闲状态;另一种是虚拟 CS 方式,根据 MAC 包头或 RST/CTS 的 NAV 来实现。只要其中之一指示媒体正在被使用,媒体就被认为处于忙状态。在本设计中,由于芯片本身可以提供载波检测(CS)功能,所以选用了基于物理层的载波检测方式。在 CSMA/CA 接入算法中,当发生报文冲突时,发送者要执行退避算法,延迟一段时间后再次尝试发送。实行退避的目的是减少重发时再次发生冲突的可能性。产生退避时间的"种子"叫做退避计数器,它的值直接表示了节点的延迟时间,反映了该节点抢占信道的能力。而退避算法就是关于维护退避计数器的算法。工作原理如图 7-4 所示。

当发送端发送它的第一个 MAC 帧时,若检测到信道空闲且空闲时间大于等于 DIFS,则立即传输帧;若信道忙,节点进入延迟阶段直到当前传输结束＋DIFS 时间间隔,开始执行随机后退过程,节点从 0 到当前的竞争窗口(Contention Window)中随机

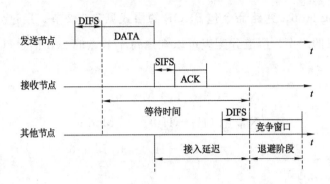

图 7-4　CSMA/CA 工作原理

选择一个整数作为本次发送过程的退避计数器初始值(Back Off Time)。在信道空闲时,退避时隙计数器每隔一个时隙递减 1;在信道忙时,退避时隙计数器停止计数,挂起后退过程,当信道再次空闲并持续 DIFS 时间后,继续完成剩余的退避过程;在退避时隙计数器递减到零后,节点将立即发送数据帧。为使发送端知道所发射的信号是否与信道上传输的信号发生冲突,当接收端收到该数据帧时,在 SIFS(短的帧间隔,DIFS> SIFS)时间后应答一个 ACK 帧。如果发送端没有收到 ACK,那么发射端必须重发这个数据帧。

(4) 全节点比例定时交替传输协议

为了说明全节点比例定时交替传输协议的工作机制,首先要给出通信包的格式和时隙同步的概念。

① 包格式

遥控主机终端需要将控制命令下行传送给机器人,救灾机器人需要将反映井下情况的环境和视觉信息上行传送给遥控主机,按照只要确认收到就发新包,新发翻转位翻转,没有收到就重发的确定和重传机制来保证可靠的通信。在通信过程中有两种包,一种是空闲包 Null Packet、一种是数据包 Date Packet。

a. 空闲包 Null Packet

包格式如图 7-5 所示。

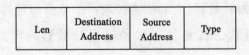

图 7-5　空闲包格式

Len:包的长度。长度为 0~127 个字节。

Destination Address:目的节点地址。长度为 1 个字节,表示包要发往的节点的地址。

Source Address:源节点地址。长度为 1 个字节,表示发送节点的地址。

Type:包的类型。长度为 1 个字节,该区域值的具体意义如图 7-6 所示。在此为空闲包,这个区域的值为 11。

包类型	数据包	命令包	状态包	空闲包
值	00	01	10	11

图 7-6 包类型标志位的值

下文中出现的数据包 Date Packet、路由请求命令包 RROP、路由应答状态包 RRSP、建路命令包 BROP 和建路状态包 BRSP,这些包的格式中的 Len、Destination Address、Source Address 表示的含义与空闲包 Null Packet 格式中 Len、Destination Address、Source Address 含义一样,下文就不再做重复说明。

b. 数据包 Date Packet

包格式如图 7-7 所示。

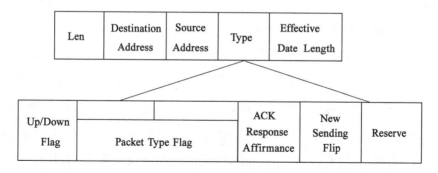

图 7-7 数据包格式

Type:包类型,占 1 B。共 8 位,用了前 6 位。Up/Down Flag 表示上/下行标志位,0 代表上行,1 代表下行。Packet Type Flag 表示包类型标志位,占两位。在这里是数据包,区域值为 00。ACK Response Affimance 表示应答确认位,0 代表不确认,1 代表确认。New Sending Flip 表示新发翻转位,只要确认收到就发新包,新发翻转位翻转,没有收到就重发。Reserve 为协议扩展保留位。

Effective Date Length:数据包中的有效数据长度。

② 时隙同步

建路后的可靠通信采用的是定时交替分配协议,在采用定时交替的分配协议接入时,为了保证无冲突的传输,网络中的各个节点需要具有相同的时隙起始定位,即实现时隙同步。当各个节点的时间同步时,可以实现网络的时隙同步。因此,时隙同步是专门针对分配接入的一种时间同步。在 Ad Hoc 网络中,不存在可以直接与所有节点通信的中心节点,网络中的节点一般要经过多跳才能与其他节点通信,在这样的网络中采用分配接入,时隙同步问题是实现多跳的 Ad Hoc 网络定时交替接入的关键问题[100-102]。

基于 Ad Hoc 网络的煤矿救灾机器人通信系统的网络规模不是太大,节点数不太多,网络的时延也不会很大,因此采用定时交替的固定时隙分配传输调度算法。利用特定的时间同步协议技术,让所有节点时间与时间主控节点同步。其最大的优势是可以保证网内时间同步的安全性和可靠性。由源节点 S 发起通信,在采用定时交替接入通信网络中,节点本地基准时间与网络的时间实现同步是该节点网络中其他节点进行通信的前提条件。因此选 S 为主控节点,新加入的节点时间与网络的基准时间同步,即网络中的节点时间同步于某个特定的节点(源节点 S)。主控节点将链路中每个通信节点分配到固定的通信时隙,分配到相同时隙的节点通过再分配不同的通信频段来防止无线通信碰撞。

③ 全节点比例定时交替传输协议

一般情况下,如果让 S 先下行传输一个包 N_d,当包 N_d 传送给 E 后,E 再向 S 传输一个包 N_u,包 N_u 和包 N_d 的字节数可以不同,构成一定的比例,如此不断交替,就能实现上、下行不对称的双向传输。但是该模式下的交替仅限于 S 和 E 两个终端节点之间,必须等一个方向的包 S 或包 E 都传输完毕之后才能传另一方向的包,这样在每次方向交替的前后一段时间,就有许多节点空闲,导致节点的利用率降低,而且在传输的过程中可能出现丢包,影响链路传输效率。

为了克服此不足,本书提出了一种改进的全节点比例定时交替可靠传输协议。其特点是:所有节点按照固定的时间间隔定时发送或接收数据,控制定时发送的周期可以避免碰撞,出现丢包时,采用包中的 ACK 应答确认位和新发翻转位,实现可靠传输。该协议能充分利用链路上所有中继节点的转发能力,达到全速转发。其具体实现原理如图 7-8 所示。

图 7-8 中 S_d、S_u 分别表示下行发送、上行发送,R_d、R_u 分别表示下行接收、上行接收。T 表示定时发送数据包的周期。在每个周期间隔后,S 下行发送一个包 N_d,E 上行发送一个包 N_u。

系统工作时,建路后的所有节点都处在 Self 信道,S 为主控节点发起通信,S 首先从

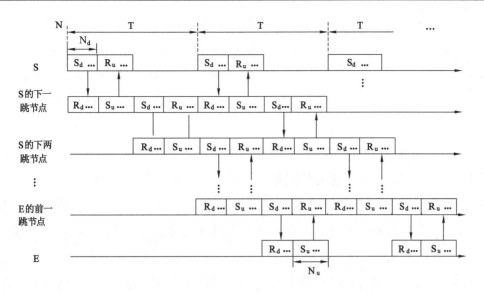

图 7-8 全节点比例定时交替可靠传输协议

Self 信道跳到 Down 信道向下一跳节点发送一个包 N_d 后立刻跳回 Self 信道,若下一跳节点没有接收到 S 发送的包,下一跳从 Self 信道跳到 Up 信道向 S 发送包 N_u(ACK 应答确认位为 0)后立刻跳回 Self 信道,再跳到 Down 信道向 S 的下两跳发送一个空闲包,然后跳回 Self 信道,S 接收到 N_u 后,在第二次 S 启动发送时跳到 Down 信道向下一跳重新发送,然后跳回 Self 信道。若下一跳接收到 S 发送的包后,把上行传来的包 N_u(此时 ACK 应答确认位为 1)向 S 发送完,然后再向 S 的下两跳发送包,S 接收到 N_u(新发标志位翻转)后,在第二次 S 启动发送时向下一跳发新包,以这种交替的方式进行转发。E 第一次接收到下行传输的包 N_d,完成下行的第一次过程,然后 E 开始向 E 的前一跳上行发送一个包 N_u。与下行的第一次过程一样,S 最终接收到上行传输的包 N_u。从第一次下行发送开始,经过 T 时间间隔后,即当 S 的下一跳接收完 S 的下两跳发送来的上行包 N_u 后,S 第二次向 S 的下一跳发送。然后每经过 T 后,S 就启动一次下行发送,以这种周期性交替轮回的方式,最终使整个链路运行起来,全部中继节点任何时刻不是在发送就是在接收数据包,ACK 应答确认位和新发翻转位保证了链路可靠传输,所有节点时间与时间主控节点 S 同步,保证了网内时间同步的可靠性,提高了节点的利用率,实现了链路的全速传输。控制包 N_u 和包 N_d 字节数的比例,能实现不同的上、下行不对称传输;通过合理选择定时周期 T,能避免数据碰撞和信道竞争,解决链路中可能出现的隐藏终端问题和暴露终端问题。

7.3.2 网络层协议设计

(1)RFFR-ND 协议的网络模型

通过分析,本书提出一种目的节点的邻居节点递归筛选的快速选路协议 RFFR-ND (Recursive Filter Fast Routing Based on Neighbor of Destination Node Protocol)。该协议能够快速选择一条目的节点的邻居节点接收信号强度 RSSI 最好、源节点和目的节点的邻居节点之间跳数最少的路径。选路结束后采用在多个信道上进行选频的思想进行通信,实现通信路径的建立。

RFFR-ND 定义一个移动网络的拓扑结构为一个加权图 G(V,L),其中 V 是所有节点的集合,L 是节点之间相连的链路集合。对于任意节点 R_i 和 R_j($R_i, R_j \in V$),V 和 L 将随节点的移动、加入和离开而变化。在此,如果节点 R_i 在节点 R_j 的传输半径内,则链路(R_i, R_j)在链路集合 L 中。假设网络中的通信链路都是双向的,即(R_i, R_j)属于 L,则(R_j, R_i)也属于 L。

那么在 RFFR-ND 协议中,给定源节点 S,目的节点 E。假设节点 E 的邻居节点集合为 V_E,在 V_E 中存在一跳或者两跳到达 E 的节点集合 R_E,R'_E 为 R_E 经过转发两跳到达 E 的中转节点集合。如图 7-9 选路协议示意图所示。

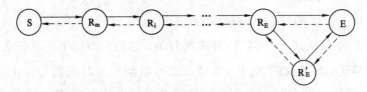

图 7-9　RFFR-ND 选路协议

$P1 = S \rightarrow R_m \rightarrow R_i \cdots \rightarrow E$、$P2 = S \rightarrow R_n \rightarrow R_i \cdots \rightarrow E$。选择 R_E 一跳到达 E 的路径集合 P1,还是选择 R_E 两跳到达 E 的路径集合 P2,取决于接收信号强度 RSSI 质量最好,即 $\max\{RSSI[R_E(hop(n, n=1,2))]\}$。S 到 R_E 的路径选取,取决于 S 到 R_E 的最小跳数,即 $\min[hop(S, R_E)]$。

不妨设 $RSSI[R_E(hop(1))]$ 为一跳到达节点 E 的 R_E 的 RSSI。$RSSI[R_E(hop(2))]$、$RSSI[R'_E(hop(1))]$ 分别为两跳到达节点 E 的 R_E 接收 R'_E 的 RSSI 以及 R'_E 接收节点 E 的 RSSI。则有:

$$RSSI[R_E(hop(1))] > RSSI[R_E(hop(2))] \tag{7-3}$$

$$\begin{cases} RSSI[R_E(hop(1))] < RSSI[R_E(hop(2))] \\ RSSI[R_E(hop(1))] < RSSI[R'_E(hop(1))] \end{cases} \tag{7-4}$$

$$\begin{cases} RSSI[R_E(hop(1))] > RSSI[R'_E(hop(2))] \\ RSSI[R_E(hop(1))] < RSSI[R'_E(hop(1))] \end{cases} \tag{7-5}$$

若公式(7-3)成立则选择符合 P1 的可行性路径,公式(7-4)成立也选择符合 P1 的可行性路径,公式(7-5)成立则选择符合 P2 的可行性路径。

(2)选路和建路包格式

在网络层的设计中主要实现的是路径的选择、通信路径的建立,选路时有两种包格式分别是 RROP 格式和 RRSP 格式;建路时也有两种包格式分别 BROP 格式和 BRSP 格式,下面将分别予以介绍。这四种包格式中的 Len、Destination Address、Source Address 表示的含义一样。

① RROP 格式

当源节点 S 与目的节点 E 进行通信时,如果发现没有去往该目的节点 E 的路由,源节点 S 则周期性地向网络广播一个路由请求命令包 RROP(Route Request Order Packet),RROP 格式如图 7-10 所示。

Len	Destination Address	Source Address	Type	Fast Select Route Order	Keep Network

图 7-10　RROP 格式

Type:包的类型。在路由请求命令包中,这个区域的值为 01。

Fast Select Route Order:快速选路命令,该区域长度为 1 B,值设置为 0x09。

Keep Network:网络保持,该区域的长度为 1 B,值为 0~255 中任何一个数值,如果改变网络保持,在区域的值上加 1,则执行重新选路。在一个网络中,每个节点在同一时间都有有限个邻居节点。在同一时间,选出从 S 到 E 的路径,拓扑发生变化后,可能继续使用原来的路径,继续网络保持。也有可能需要重新选路,当重新选路时,需要重新更新每个节点的邻居节点表。

② RRSP 格式

当目的节点 E 成功收到 RROP 后,进入路由应答阶段,由目的节点 E 广播路由应答状态包 RRSP(Route Reply State Packet),路由应答状态包 RRSP 格式如下图 7-11 所示。

Len	Destination Address	Source Address	Type	State Value	Keep Network	Get E	Hop Get E	List	
								Address	RSSI

图 7-11　RRSP 格式

Type:包的类型。在路由应答状态包中,这个区域的值设为 10。

State Value:状态值,目前为路由应答状态,值设为 0x09。

Keep Network：网络状态保持字节。表示发包节点网络保持。

Get E：能否到达 E。1 代表能，0 代表不能。

Hop Get E：多少跳到达 E。多少跳就是多少字段。

List：列表，一个列表由两个字段组成，占两个字节，第一个字节放节点的地址。第二个字节放接收信号强度 RSSI。

③ BROP 格式

选出一条通信路径后，如何在这条路径上通信，需要配置路径上经过的每个节点状态。本书采用多个信道选频算法实现路径的建立。建路时由 S 发送建路命令包 BROP(Build Route Order Packet)，图 7-12 表示 BROP 的格式。

Len	Destination Address	Source Address	Type	Route Order	Down Packet Length	Up Packet Length	Total Hop	Road Speed	Wait Time	List		
										Remaining Hop	Address	RSSI

图 7-12　BROP 格式

Type：包的类型。在路径建立命令包中，这个区域的值为 01。

Route Order：建路命令，该区域的长度 1 B，值设置为 0x0A。

Down Packet Length：下行包长度，20～120 B。

Up Packet Length：上行包长度，20～120 B。

Total Hop：总跳数，从 S 到 E 的总跳数。

Road Speed：链路建立的速度，建路后所有节点工作的速度。该区域的长度为 1 个字节，值取 0～3。0 代表 250 kbps、1 代表 500 kbps、2 代表 1 Mbps。在 Init 信道所有节点都为 250 kbps。

Wait Time：建路等待时间，持续等待时间没有收到任何有效数据，节点自动返回初始状态。

List：列表，一个列表为一个字段，由三个字节组成，第一个字节放 Remaining Hop 表示到达 E 还剩下多少跳；第二个字节放节点的地址；第三个字节放接收信号强度 RSSI.。

④ BRSP 格式

S 一直发送建路命令包 BROP，直到 E 接收到，然后开始发送建路状态包 BRSP(Build Route State Packet)，图 7-13 表示 BRSP 的格式。

Type：包的类型，在建路状态包中。这个区域值为 10。

（3）路由请求

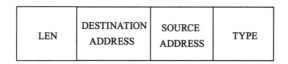

LEN	DESTINATION ADDRESS	SOURCE ADDRESS	TYPE

图 7-13　BRSP 的格式

源节点 S 到目的节点 E 的路径选择过程主要有路由请求阶段、路由应答阶段。选路前采用 CSMA/CA 的信道接入协议,采用半双工通信模式,收发使用同一个频率点,即 2.4 GHz 的 ISM 频段的第 26 个信道的频率,也是初始化 Init 信道。

S 周期性广播 RROP,邻居节点收到广播后,检查自己的地址,如果是目的节点 E,则路由请求发送阶段结束,E 立刻向 S 发送路由应答状态包;若不是目的地址则路由请求转发,继续向周围的邻居节点转发路由请求命令,一直转发到目的节点 E。如图 7-14 所示。为了控制路由请求洪泛造成的网络开销,在路由算法中将不允许中间节点发送路由应答,即由源节点发出的路由请求信息将被一直传到目的节点,然后由目的节点返回路由应答。这样可以在很大程度上减少潜在不可靠路由对路由协议性能造成的影响。

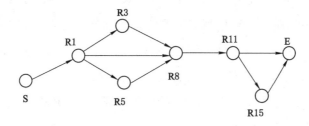

图 7-14　路由请求过程

(4) 路由应答

目的节点 E 收到 RROP 消息后,立即广播 RRSP,若中间节点收到后都通过广播的方式最终把路由应答状态包全返回给 S,则容易造成网络拥塞,分组丢失等后果,严重影响了网络的性能。对于网络的有限带宽来说是很大的负担。针对上述问题,本书提出一种方案采用目的节点的邻居节点递归筛选的方式,找到一条最快路径。在无线网络中,某个目的节点本身可能是许多节点的共同目的节点。即,在网络中这个共同的目的节点大都拥有能够到达该节点的所有节点的历史路由状态信息。因此,可以利用这些历史路由状态信息,根据 RRSP 中的 Hop Get E 来记录到达 E 的跳数、RRSP 中的 List 来记录能够到达共同目的节点的所有节点的列表,列表中包括节点的地址和 RSSI,从而筛选出需要的路径,然后再广播 RRSP 给邻居节点,递归筛选。

具体实现步骤如下:

① 节点 E 广播 RRSP,周围的所有邻居节点听到后,检查自己的地址,若为 S,Hop Get E 为 0,说明没有邻居节点做任何筛选就找到了 S 到 E 的路径。

② 若不是 S,设置自己的 Hop Get E 和 List,若 Hop Get E 为 1,表明一跳到达 E,List 为一段,放有 E 的地址和 E 的 RSSI,此时一跳的邻居节点不筛选路由。继续广播。

③ E 的一跳邻居节点继续广播 RRSP 给下一跳节点,此时该节点可能存在两跳或者三跳到达 E 的路由,若 Hop Get E 为 2,表明两跳到达 E,List 为两段,第一个字段存放该节点前一跳节点的地址和 RSSI;第二个字段放 E 的地址和 E 的 RSSI。若 Hop Get E 为 3,表明三跳到达 E,List 为三段,第一个字段存放该节点前一跳节点的地址和 RSSI;第二个字段存放该节点前两跳节点的地址和 RSSI;第三个字段放 E 的地址和 E 的 RSSI。然后按公式(7-3)～(7-5)只比较 RSSI,筛选出一条接收信号强度最好的路径。

④ 继续广播发送 RRSP 给下一跳节点,周围的节点接收到后更新 Hop Get E 的值,如果 Hop Get E 值相同,随机选择一条路由,如果 Hop Get E 值不同,节点通过 Hop Get E 的最小值即最短路径来筛选路由,然后继续发送,一直到 S 的一跳节点为止。

⑤ S 的一跳节点接收到 RRSP 后,只比较 Hop Get E 的值,选取 Hop Get E 的最小值,筛选出一条最短的路由。然后把 RRSP 广播给邻居节点,此时的邻居节点是 S,节点 S 接收到了由 S 一跳发送的 RRSP,通过包中记录的 S 和 S 一跳地址以及 S 一跳到 E 的路由状态信息,选出 S 到 E 的路由,完成路由应答阶段。

如图 7-15 所示是路由应答过程示例图,节点 E 广播 RRSP 时,邻居节点 R11 和 R15 接收后,设置 Hop Get E 和 List 然后发送给 R8,R8 到达 E 有两条路由,分别是 R8→R11→E 和 R8→R11→R15→E,选择哪条路由取决于 R8 接收到的 RRSP 列表中的 RSSI。图 7-16 表示 R8→R11→E 这条路径上 R8 接收的 RRSP 的列表格式,图 7-17 表示 R8→R11→R15→E 这条路径上 R8 接收的 RRSP 的列表格式。

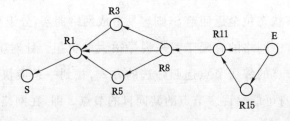

图 7-15　路由应答过程

如果图 7-16 中 R11 的 RSSI 大于图 7-17 中 R11 的 RSSI,则选择 R8→R11→E 这条路径。如果图 7-16 中 R11 的 RSSI 小于图 7-17 中 R11 的 RSSI,但是大于图 7-17 中 R15 的 RSSI,则选择 R8→R11→E 这条路径。如果图 7-16 中 R11 的 RSSI 既小于图

7-17 中 R11 的 RSSI,也小于图 7-17 中 R15 的 RSSI,则选择 R8→R11→R15→E 这条路径。为了方便下文分析假设选择了 R8→R11→E 这条路径。

List		List	
R11	R11 的 RSSI	E	E 的 RSSI

图 7-16　R8 在 R8→R11→E 路由中接收的状态包列表格式

List		List		List	
R11	R11 的 RSSI	R15	R15 的 RSSI	E	E 的 RSSI

图 7-17　R8 在 R8→R11→R15→E 路由中接收的状态包列表格式

R8 把接收到的 RRSP 继续广播给周围节点,R1、R3、R5 收到 R8 发送的 RRSP,更新 Hop Get E 的值,选择 Hop Get E 的最小值,筛选出从 R1 到达 R11 的最短路径为 R1→ R8→ R11,则 R1 到 E 的路径为 R1→R8→R11→E。R1 发送 RRSP,节点 S 接收到由 R1 发送来的 RRSP 中记录了 R1 到 E 的路由状态信息,最终选出 S 到 E 的路径(S→R1→R8→R11→E)。

(5) 选路算法流程图

网络中的所有节点有三类:节点 S、中继节点和节点 E。在路径的选择过程中这三类节点参与选路。即:S 选路、中继节点选路和 E 选路。

① 源节点 S 的选路

上位机通过串口发送选路命令,其中包括 Keep Network 值。S 接收到选路命令后,比较选路命令和 S 自己的 Keep Network 值,若 Keep Network 的值不相同,把 S 自己的 Keep Network 值设置成选路命令中 Keep Network 的值;若 Keep Network 的值相同,设置定时发送时间,S 开始广播发送 RROP。经转发直到节点 E,由 E 广播发送 RRSP,经过选路协议,直到 S 接收到 RRSP,并记录路由状态信息。具体按照路由请求和路由应答中 S 的选路协议进行选路。图 7-18 给出了 S 选路算法流程图。

② 中继节点的选路

为了保证路由发现过程中寻找的路径的有效性,中继节点收到任何 RROP 后,都不回复 RRSP,直到把 RROP 转发至节点 E。由 E 广播 RRSP,中继节点接收到 RRSP 后,将自己的地址、跳数、列表等添加到路由状态信息中,并转发给其他节点。具体按照路由请求阶段和路由应答阶段中的中继节点选路协议进行选路。图 7-19 给出了中继节点选路算法流程图。

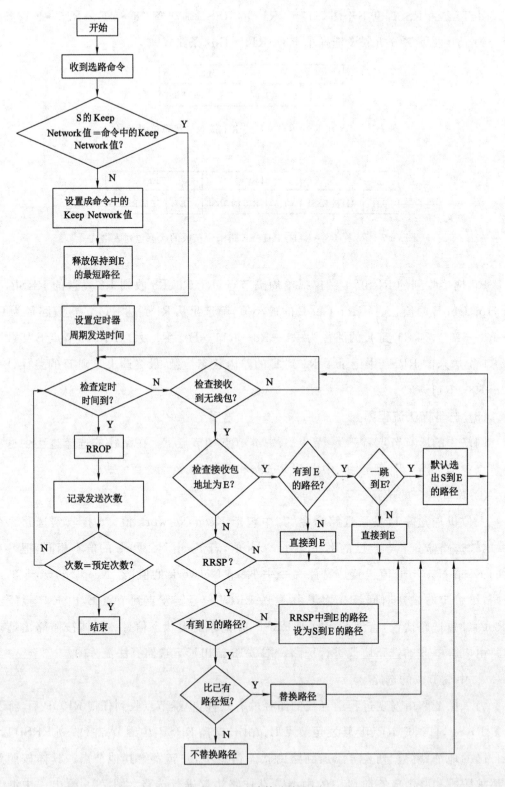

图 7-18 S 选路算法流程图

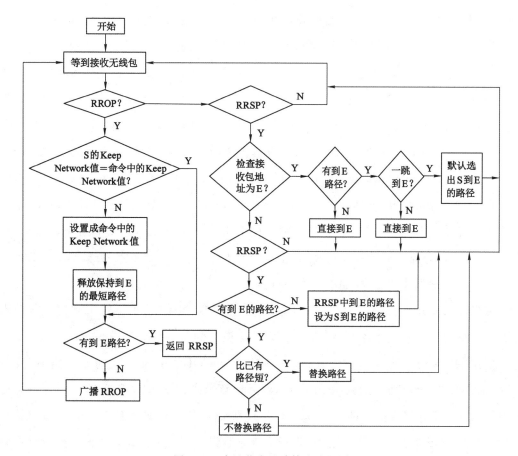

图 7-19 中继节点选路算法流程图

③ 目的节点 E 的选路

E 选路算法比较简单,当 E 接收到 RROP 后,就发送 RRSP。具体按照选路中 E 的选路协议进行选路。图 7-20 为 E 选路算法流程图。

(6) 变速选频建路

选路完成后,源节点 S 到目的节点 E 之间的所有节点一直处在 26 信道上,建路时 BROP 中的 Total Hop 和列表中 Remaining Hop 的值,通过公式(7-1)计算出信道编号,然后对照表 7-2 信道分配表可以知道每个节点的 Self、Up 和 Down。因此能够保证节点正确地跳到 Up 信道和 Down 信道。BROP 中的 Road Speed 的值可以改变选频的速度。

建路的工作原理具体如下:

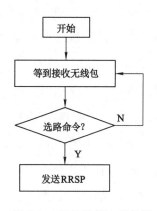

图 7-20 E 选路算法流程图

① 建路时所有的节点刚开始都处在初始化 Init 信道,数据传输率为 250 kbps。

② 由 S 开始发送建路命令包 BROP,下一跳节点收到后,继续发送 BROP,一直等到目的节点 E 收到。在这个过程中每个节点在接收到 BROP 后,都从初始化 Init 信道跳到 Self 信道,并且设置链路建立速度 Road Speed 的值,再跳到 Down 信道上,发送 BROP,然后立刻跳回 Self 信道,等待下一跳节点在 Up 信道上返回的建路状态包 BRSP。

③ 当目的节点 E 接收到前一跳节点发送的 BROP 后,从初始化 Init 信道跳到 Self 信道设置 Road Speed 的值,E 在 Self 信道接收到了前一跳节点在 Down 信道上发送的 BROP,节点 E 跳到 Up 信道上,给处在 Self 信道上的前一跳节点发送 BRSP,然后立刻跳回 Self 信道。E 的前一跳接收到了,则完成 E 和它的前一跳节点间的建路。

④ 以这种建路方式由 E 的前一跳节点继续向 E 的前两跳节点发送 BRSP,直到 S 接收到自己一跳节点发送的 BRSP,完成建路。

在建路过程中,可能会出现这样的情况:某个节点在 Self 信道上听不到前一跳节点在 Down 信道上发送的 BROP,或者处在 Self 信道上的前一跳节点没有收到处在 Up 信道上发送的 BRSP。处理的方法是:前一跳节点从 Self 信道自动跳到 Init 信道,并且 Road Speed 的值改变成初始值 250 kbps,然后向该节点发送 BROP,此时该节点一直处在 Self 信道,等待接收前一跳节点从 Init 信道跳到 Self 信道再跳到 Down 信道向该节点发送的 BROP。当从 Init 信道跳到 Self 信道时设置 Road Speed 的值。若该节点在 Self 信道等待的时间超过了设置的 Wait Time 值,建路失败,该节点从 Self 信道自动跳到 Init 信道,此时 Road Speed 的值改变成初始值 250 kbps,重新建路。

下文以选路时的最终路径(S→R1→R8→R11→E)为例,详细介绍建路的具体实现原理如图 7-21 所示。

S→R1→R8→R11→E 这条路上的所有节点刚开始都处在 Init 信道,速度都为 250 kbps。由 S 发送建路命令包 BROP,源节点 S 从 Init 信道跳到 Self 信道,速度由 250 kbps 变成 500 kbps 或者 1 Mbps,然后跳到 Down 信道上发送 BROP,立刻跳回 Self 信道等待 R1 在 Down 信道发送的建路状态包 BRSP。R1 收到 S 发送的 BROP 后,立刻向 R8 发送 BROP,然后 R1 从 Init 信道跳到 Self 信道,速度由 250 kbps 变成 500 kbps 或者 1 Mbps,再跳到 Down 信道上发送 BROP,立刻跳回 Self 信道等待 R8 在 Down 信道发送的状态包 BRSP。以这种方式一直到目的节点 E 收到 R11 发送的 BROP 后,节点 E 从 Init 信道跳到 Self 信道时,速度由 250 kbps 变成 500 Kbps 或者 1 Mbps,E 接收到了 R11 在 Down 信道上发送的 BROP,节点 E 跳到 Up 信道上,给处在 Self 信道上的 R11 发送 BRSP,立即跳回 Self 信道。R11 接收到,完成 R11 和 E 的建路。在 R11 和 E

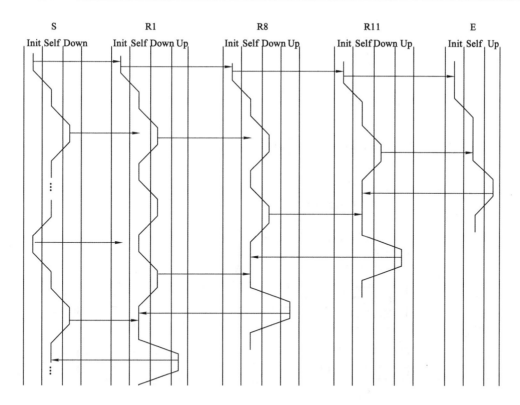

图 7-21　变速选频建路原理

的建路过程中若 E 没有接收到 R11 在 Down 信道上发送的 BROP 或者 R11 没有接收到 E 发送的 BRSP,则 R11 从 Self 信道自动跳到 Init 信道,速度由 500 kbps 或者 1 Mbps 变成 250 kbps,向 E 发送 BROP,此时的 E 一直处在 Self 信道,等待接收 R11 从 Init 信道跳到 Self 信道再跳到 Down 信道向 E 发送的 BROP。若 E 在 Self 信道等待的时间超过了设置的 Wait Time 值,建路失败,E 从 Self 信道自动跳到 Init,速度由 250 kbps 变成 500 kbps 或者 1 Mbps,重新建路。

R11 和 E 的建路成功后,R11 在 Self 信道上等待接收 R8 在 Down 信道上发送的 BROP,若 R11 没收到,按 R11 和 E 建路过程中解决的方式处理。若收到了,则 R11 在 Up 信道上给处在 Self 信道上的 R8 发送 BRSP,若 R8 没收到,按 R11 和 E 建路过程中解决的方式处理,收到了则完成 R8 和 R11 的建路。然后以这种方式不断的与前一跳建路,直到 S 收到 R1 发送的 BRSP,完成 S 和 R1 的建路。最终完成 S 到 E 通信路径的建立。

(7) 建路算法流程图

与选路过程一样,在建路过程中也有三类节点参与建路。即:S 建路、中继节点建路和 E 建路。

① 源节点 S 的建路

图 7-22 给出了 S 建路算法流程图。

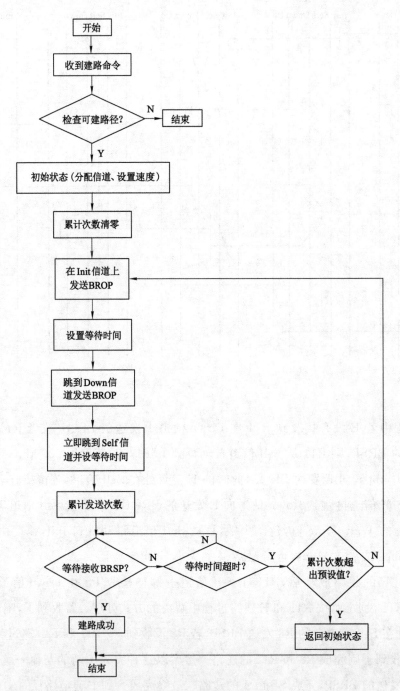

图 7-22 S 建路算法流程图

上位机通过串口发送建路命令。S 接收到建路命令后,检查是否有可建的路径,若没有可建的路径,则结束;若有可建的路径,则分配信道设置速度,S 在 Init 信道上发送

BROP,立刻跳到 Self 信道,再跳到 Down 信道上发送 BROP,然后立即跳回 Self 信道,等待接收 S 的下一跳节点发送的 BRSP。具体按照建路中 S 的建路协议进行建路。②中继节点的建路

中继节点在 Init 信道上接收到前一跳节点发送的 BROP 后,向下一跳节点发送 BROP,立刻跳到 Self 信道,再跳到 Down 信道上发送 BROP,然后立即跳回 Self 信道,等待接收下一跳节点发送的 BRSP。具体按照建路中的中继节点建路协议进行建路。图 7-23 为中继节点建路算法流程图。

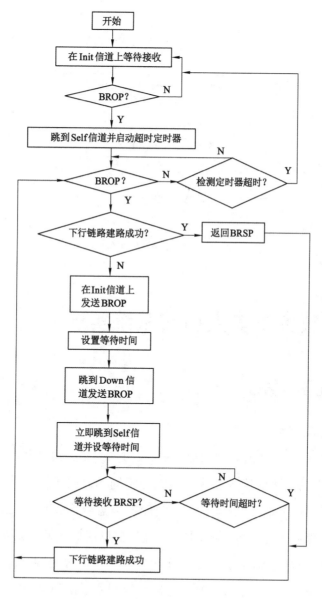

图 7-23 中继节点建路算法流程图

③ 目的节点 E 建路

当 E 在 Init 信道上接收到 BROP 后，跳到 Self 信道，再跳到 Up 信道上发送 BRSP 后。立即跳回 Self 信道。具体按照建路中 E 的建路协议进行建路。图 7-24 为 E 建路算法流程图。

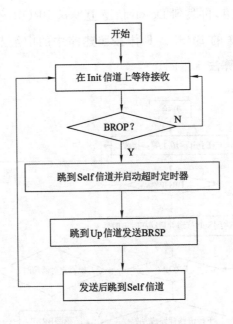

图 7-24　E 建路算法流程图

7.4　煤矿救灾机器人通信系统实现

7.4.1　通信接口硬件电路

（1）通信接口电路构成原理

数据采集系统的主要信息是单向流动的，反方向只是信息量很小的控制信号，所以机器人通信接口与主机通信接口完成的功能是不同的。在机器人端，需要将采集到的视频、音频和各种环境参数（如温度、瓦斯浓度等）信息数字化后，按预定成帧格式复接成一路数字信号，以便于远距离传输；在主机端则要以同样的帧格式将接收到的数字信号分接后，送给显示与控制主机。但是为了生产和维护的方便，两边通信接口的硬件电路最好是相同的。这里采用以 FPGA 器件作为控制中心的方式，设计了两边相同的接口硬件电路，如图 7-25 所示。

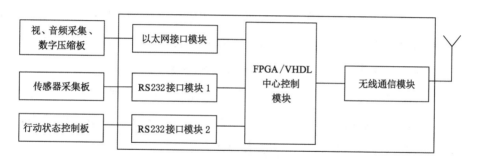

图 7-25 通信接口构成原理

电路提供一个以太网接口和两个 RS232 接口,在机器人端分别与视、音频采集、数字压缩板、传感器采集板和机器人行动状态控制板连接,实现采集数据的接入和控制信息的输出。视、音频采集、数字压缩板采集灾害现场的视觉图像和声音信息,模/数转换后再进行压缩,并打包成 IP 数据,经以太网接口输出;传感器数据采集板分别采集瓦斯、一氧化碳、温度和湿度等信息;机器人行动状态控制板则执行上位机对机器人行动状态的控制命令。FPGA 将这多种数据信息和命令处理、复接后,通过无线通信模块发送出去。

在遥控主机端,无线通信模块接收机器人端传送的无线电波,将其转换成电信号后送给 FPGA。FPGA 将接收的数字信息进行分接,然后分别通过以太网接口和两个 RS232 接口传送给遥控主机。主机通过控制显示界面查看机器人端图像、声音和矿井下环境数据,并发出控制命令,经无线通信线路传送给机器人,对其进行各种动作控制。

(2) 无线芯片的选用

① 无线芯片

无线通信模块用于中继节点之间和中继节点与通信终端机之间进行数据通信,是本系统非常重要的组成部分之一。由于无线收发芯片的种类和数量比较多,无线收发芯片的选择是至关重要的,正确的选择可以减小开发难度,缩短开发周期,降低成本。选择一款合适的无线收发模块,需要从载波频段选择、信号调制方式、数据传输速率,编码方式性能、成本、功耗等方面综合考虑。

无线频道的申请和使用在全球各国都是严格控制的,需要遵守一系列的相关规定。因此,在选择无线收发芯片时必须考虑工作频段这一因素,2.4 GHz 是唯一全球通用的 ISM(工业、科研和医疗)频段,工作在这一频段的无线设备无须向当地频谱管理单位提出申请。Radio Pulse 公司的 MG2455 芯片是工作在 2.4 GHz 符合 ZigBee 及 IEEE 802.15.4 标准的片上系统,集成了 MCS51 核 8 位单片机、96KB FLASH 和 8 KB RAM,传输速率最高可达 1 Mbps,且功耗很低。本系统要求芯片具有低功耗、高速率。

MG2455 芯片速度较高,在使用时可以配置到 500 kbps 或者 1 Mbps;由于救灾机器人体积受限,对能携带的中继节点数量很敏感,就需要灵敏度较高的芯片,MG2455 接收灵敏度高,和其他芯片相比传输相同的距离需要的中继节点数量较少;此外,该芯片外围元件很少,无需声表滤波器、变容管等昂贵元件,而且收发天线合一;该芯片功耗小,可开关。在不收发数据期间可以关闭,达到省电的目的;还可以调节发射功率,也可以充分发挥软件调节的优点,使得优化算法有用武之地。

综合考虑以上各方面因素,本书采用的是 Radio Pulse 公司的 MG2455 无线收发芯片。

② 天线

天线作为无线节点设计中非常关键的部分,其性能的好坏直接影响了节点的传输距离。描述天线电气性能的主要参数有:方向图、增益系数、输入阻抗、效率、极化方式和频带宽度等。天线在空间不同方向辐射功率的强弱是不同的,辐射方向图给出天线发射时离天线固定距离上辐射随角度的变化,天线的基本参数都与辐射方向图密切相关。具有单个窄主瓣的定向天线用于点对点通信中,在某些应用中主瓣的形状很重要。另一方面,在一个平面内具有恒定辐射的全向天线则用于广播。

常见的天线形式有:偶极子天线、单极子天线、环形天线、缝隙天线、抛物面天线、对数周期天线,贴片天线,螺旋天线等。在为一个特定的应用场合选取合适的天线时,不仅要考虑天线的电气特性,还要注意天线的尺寸、机械特性等因素。表 7-3 列举了几款可用于无线通信节点的天线。

表 7-3   天线类型对比

天线形式	辐射方向	装配形式	巴伦匹配	物理尺寸
印制单极子天线	近似全向	PCB 直接印制	需要	小
印制偶极子天线	近似全向	PCB 直接印制	不需要	大
外接拉杆天线	全向	SMA 接口	需要	小

MG2455 可以使用不同类型的天线。短距离通信中最常使用的天线是单极子天线、螺旋天线和环形天线。单极子天线是长度对应电磁波长 1/4 的谐振天线。单极子天线的设计简单,可采用一根线简单实现,甚至可以集成到印制电路板中。对于低功耗应用,使用范围最佳且简单的 1/4 波长单极子天线。1/4 波长单极子天线的长度为 $L = 7\ 125/f$,其中:f 的单位是 MHz;L 的单位是 cm。

由于无线节点布置的特殊性,需要节点天线的辐射图尽可能接近全向性。同时,由于无线节点本身物理尺寸的限制,因此也希望天线也能越小越好。再者,当无线节点需要大规模制造时,天线的生产和安装也需要能够尽可能地简单。

经过考虑,通信终端机上使用具有 SMA 接口的外接拉杆天线(胶套天线),从机器人携带中继节点的负担考虑,中继节点上使用的是印制单极子天线。

7.4.2　中继节点

中继节点负责计算机端和机器人端之间无线数据转发的通信。主要组成部分有无线收发模块和电源模块。中继节点实物如图 7-26 所示。

图 7-26　中继节点实物

中继节点的无线收发模块也选用 Radio Pulse 公司的 MG2455。中继节点由机器人一次全部携带进入救灾现场,需要考虑机器人的负担,天线的选择要小巧轻便,因此,与通信终端机上采用的拉杆天线(胶套天线)不同,中继节点上采用的天线为 PCB 印制单极子天线(陶瓷贴片天线)。陶瓷贴片天线直接印制在 PCB 板上,有着近似的等向辐射特性,辐射效率较高,且辐射既包含水平极化分量又包含垂直极化分量,可由微带线直接馈电,结构简单、便于制作。实际中常采用平面方向图(常用 E 面和 H 面方向图)来描述天线的空间辐射特性。E 面是平行于电场矢量的平面,H 面是平行于磁场矢量的平面。在实际操作中使用 E 面,天线应该垂直于地面放置。由于多径效应和多普勒效应,无线中继模块在实验中发现天线不能紧贴地面,因此设计成倒 L 形。

中继节点一般采用电池供电。电池种类很多,且中继节点的电池一般不易更换,所以选择电池非常重要。而本系统救灾的应用目标,更加限制了系统的能源,经过测试电量,最终使用两节普通的 7 号南孚电池作为电源。

7.4.3 FPGA 实现

FPGA 的总体功能是在数据链路层实现以太网数据包的可靠传输及相关控制接口的数据复接和分接。即视频/音频多媒体信号和串口控制及检测信号经 FPGA 进行复接和分接处理,通过无线数据传输接口模块传输出去。由于无线芯片 SPI 口的读取速度远低于网口的读取速度,所以要采用 RAM 进行缓存控制,又由于一个以太网数据包大小最多为 1 518 B,所以 RAM 的大小定为 2 048 B。当有数据到来,就命令 FPGA 的 SPI 端口去相应的地址空间去读数据。但是由于无线芯片每次最多可以传 120 B 的数据,当发送端把使能关闭时,接收端还要继续传送数据,所以还要对其进行统筹考虑,接收时的使能要受控于发送端的使能,而发送和接收要基本同步进行,所以要求无线端要进行合理的控制。对于串口数据的控制,其复接时,采用优先级使能来控制,主要是由于引入了 RAM 的缓存机制,传输时串口数据的优先级要高于以太网数据包。

FPGA 的具体实现原理,不是本书的研究重点,在此不做详细介绍。

7.4.4 上位机通信控制的实现

(1) 上位机主要功能

上位机通信控制主要完成了上位机端(即 PC 机端)与主机通信接口的控制功能,内容包括:手动向下发送控制指令、无线模块间路由选择的实现和链路状态数据保存等。上位机通信控制的实现主要是与串口之间的通信,采用了起止式异步串行通信协议。上位机通过串口发给无线模块的命令采用统一的格式,由命令起始字节、命令长度、命令标志和命令参数列表构成。

上位机控制界面应能显示当前通信系统的状态、视频图像信号和控制按键。上位机控制界面对通信状态、井下环境数据和视频信息的采集进行实时显示,可以通过按键的形式控制。

(2) 链路状态获取

点击"链路状态获取"按键,运行选路程序后选出路径,通过上位机显示当前采集到的链路状态和相关控制的上位机软件界面。如图 7-27 所示。图 7-28 显示的是通信链路状态对应的链路拓扑结构。

从图 7-28 可以看出,下行发包长度 30 B,上行发包长度 120 B,比例为 1∶4,实现了上下行链路不对称传输。当前链路有 4 个中继,掉包率为 0,接收信号强度良好,电量充足,整条链路的质量良好。

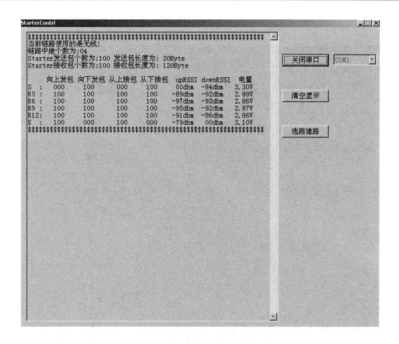

图 7-27 链路状态

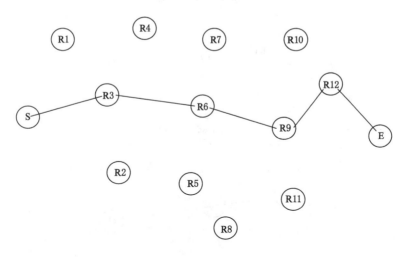

图 7-28 对应的链路拓扑结构

机器人的行走会导致网络拓扑结构发生变化,采集到的链路状态如图 7-29 所示。图 7-30 显示的是变化后的链路拓扑结构。

(3)视频图像的传输

无线通信模块 MG2455 为半双工收发,其极限速度也就是 1 Mbps,用于双向通信时只能有几百 kbps,系统实际的上行传输速度是 256 kbps,考虑到延时和丢包现象,传输的数字视频数码率仅为 128 kbps,可以实现遥控主机端和机器人端的可靠传输。

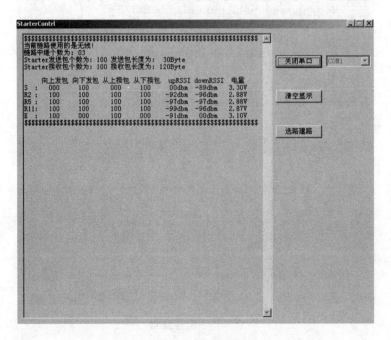

图 7-29　链路状态

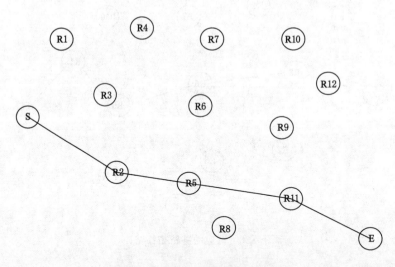

图 7-30　变化后的链路拓扑结构

　　摄像头内置的嵌入式 Web Server,提供了方便的 Web 访问,只要拥有 Microsoft 公司的 IE5.0 或者以上版本的浏览器即可轻松的实现视频监看及远程控制。图 7-31 给出了上位机采集到的视频图像。

图 7-31　视频图像的显示控制界面

7.5　煤矿救灾机器人通信系统测试

　　系统测试是研发最后阶段的工作,也是非常重要的一个环节,目的是验证系统是否满足设计要求。上面几章中已经介绍了整个系统的实现原理。在完成系统的设计与实现后,测试了系统在实际工作中的性能。

7.5.1　天线信号强度

　　通信接口采用的是胶套天线,中继节点采用的是陶瓷贴片天线。实际中常采用平面方向图(常用 E 面和 H 面方向图)来描述天线的空间辐射特性。因此,在实际测试中天线采用垂直地面放置和水平放置两种方式,测量了天线的接收信号强度,如表 7-4 所示。

表 7-4　陶瓷贴片天线和胶套天线不同位置接收信号强度对比

序号	胶套天线垂直放置	陶瓷天线垂直放置	陶瓷天线水平放置
1	−72 dbm	−74 dbm	−81 dbm
2	−70 dbm	−74 dbm	−87 dbm
3	−70 dbm	−69 dbm	−85 dbm
4	−70 dbm	−70 dbm	−87 dbm
5	−69 dbm	−71 dbm	−90 dbm
6	−71 dbm	−68 dbm	−97 dbm
7	−68 dbm	−70 dbm	−87 dbm

表7-4(续)

序号	胶套天线垂直放置	陶瓷天线垂直放置	陶瓷天线水平放置
8	−70 dbm	−70 dbm	−92 dbm
9	−70 dbm	−69 dbm	−88 dbm
10	−70 dbm	−72 dbm	−88 dbm

从上表可以知道,同是垂直放置的胶套天线和陶瓷贴片天线相比,胶套天线的接收信号强度要好,陶瓷贴片天线垂直放置的信号强度要比水平放置的信号强度要好。因此。在实际操作中,天线要求垂直放置,验证了应该使用方向图的 E 面。

7.5.2　功耗

煤矿救灾机器人主要用在矿井下的环境探测,机器人通信接口和主机通信接口都由外部电源供电,电量充足。因此,只需要考虑中继节点的功耗问题。系统在通信过程中,中继节点一直在工作,需要有较长的使用周期,系统的功耗必须降得比较低。因为无线发送接收的原因,系统的功耗相对比较大。而 Ad Hoc 的多跳路由特性,当链路状态变得不好,系统需要重新选路和建路,也会造成一定功率的消耗。由于是对矿井的环境探测,探测时间不长,一般要求不低于 2 h。经测试和与生产厂家联系,使用 7 号南孚电池,工作时间可以达到 24 h,可以满足本系统的实际需求。表 7-5 给出了 7 号电池无线中继使用时间测试结果:

表 7-5　7 号南孚电池使用时间测试(工作电流 34.7 mA)

时间	电池电压	接收信号强度	收到包个数(不丢包100)
0:00	2.94	−36 dbm	97
0:13	2.90	−36 dbm	99
0:50	2.90	−36 dbm	100
1:50	2.90	−37 dbm	100
3:50	2.90	−37 dbm	100
5:57	2.87	−37 dbm	100
10:35	2.80	−39 dbm	100
15:27	2.72	−39 dbm	100
20:50	2.59	−40 dbm	100
22:50	2.36	−57 dbm	95
23:30	1.65	−63 dbm	92
24:30	1.39	−72 dbm	无信号

7.5.3　通信系统的传播距离分析及测量

设 C 为光速，f_0 为谐振频率，则波长 λ（单位 m）为：

$$\lambda = \frac{C}{f_0} \tag{7-6}$$

单极天线的有效高度为 h 为：

$$h = \frac{\lambda}{4} \tag{7-7}$$

单极天线的输入电阻为 R_i，辐射阻抗为 R_r，则天线的效率 η 为：

$$\eta = \frac{R_r}{R_r + R_i} \tag{7-8}$$

考虑了天线的效率后，只考虑了电波在自由空间中的传播损耗（即自由空间的衰减），是理想状况下的传播距离；而实际应用中还可能有其他传播损耗 L_x，大概为 200 dbm[103]，则实际传播在自由空间中的传播距离 R 为：

$$R = \frac{\lambda}{4\pi\sqrt{\dfrac{S}{L_x \eta^2 P_{RF}}}} \tag{7-9}$$

本系统采用的单极天线的输入电阻 R_i 为 50 Ω，天线的辐射阻抗 R_r 为 36.5，天线的工作频率 2.4 GHz，发射功率 P_{RF} 为 10 dbm，接收灵敏度 S 为 −99 dbm，由公式(7-7)可以得到单极天线实际长度为 0.031 25 m，由公式(7-8)可以计算出天线的效率为 0.42。由公式(7-9)可以计算出实际传播距离为 53.2 m。在井下由于巷道壁等吸收和电磁地磁干扰使信号衰落较快，实验测得的有效传播距离为 40～50 m 范围内，如表 7-6 所示。

表 7-6　传输距离及掉包测试

距离/m		向上发包	向下发包	从上接包	从下接包
40 m	遥控主机	0	100	0	100
	机器人	100	0	100	0
45 m	遥控主机	0	100	0	100
	机器人	100	0	100	0
50 m	遥控主机	0	100	0	95
	机器人	97	0	97	0
55 m	遥控主机	0	100	0	79
	机器人	85	0	85	0
60 m	遥控主机	0	100	0	9
	机器人	38	0	38	0

从表可以看出,遥控主机和机器人之间距离小于 45 m 时,两者通信质量非常好,没有数据丢失;随着距离的增加,通信质量逐渐变差,两者距离 60 m 时,遥控主机和机器人之间几乎不能正常通信。可见实际通信距离保证在 50 m 左右,已经足够满足本系统的实际需要,并且在实际应用中随着通信节点的增加,有时候还必须采取措施降低传输距离,来保证节点接收信号的强度,否则救灾通信系统就失去了意义[104-105]。

7.5.4　可靠性传输

由于链路层在建路后的通信中采用的是固定分配的定时交替接入机制,所以系统内部的抗干扰性很强。内部节点之间通信时发生冲突的可能性很小,即使偶尔发生冲突,由于重发机制的使用,也不会造成数据的丢失。

控制端按设置的通信参数打开串口,设置串口调试参数,波特率设置为 9 600,无校验位,数据位为 8 位,停止位设置为 1 位。S 端每隔 1 000 ms 就周期性地发送命令,E 收到的数据与 S 发送的一样,没有错误信息,实现了可靠传输。图 7-32 给出了可靠性传输测试结果。

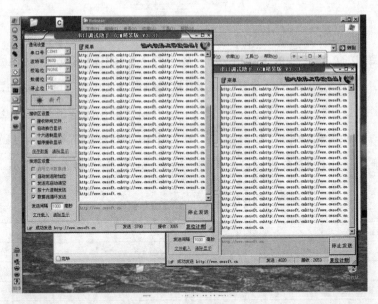

图 7-32　可靠性传输测试

7.6　本章小结

本章以煤矿救灾为应用背景,根据煤矿环境及特点,对 Ad Hoc 网络和适用于煤矿救灾的通信协议进行了深入的理论研究。以 MG2455 收发模块为核心,设计了通信接口和中继节点,结合 Ad Hoc 网络模型设计了主要协议,完成了基于 Ad Hoc 网络的煤矿救灾机器人通信系统的全部设计工作。在实现了通信接口电路和中继节点的基础上,针对实际构建的实验系统进行了测试。实验表明,这种基于 Ad Hoc 网络的煤矿救灾机器人通信系统设计方案是有效的,可以用于煤矿救灾和应急通信场合,对相关产品的开发有很好的借鉴价值。

8 总结和展望

8.1 总结

含纯发节点的无线传感器网络是无线传感器网络的一个应用分支。在无线传感器网络中采用一些只发送数据的节点能有效地降低网络成本,延长网络生存时间,为网络的设计、部署及维护都提供了便利。由于纯发节点无法接收及检测信号,大量针对收发节点设计的网络协议都不能直接应用在含纯发节点的网络中,这也为网络协议的设计和实现带来了挑战。

本书依据含纯发节点网络的工作特点,按拓扑结构分成单跳网络和混合网络两个方向对当前的研究进行了归纳整理,同时介绍了纯发送工作方式在超宽带通信中的相关研究。针对含纯发节点传感器网络的节能,防碰撞和多跳通信等关键技术问题进行了相关研究,主要的研究结论和创新点如下:

(1) 针对纯发节点会连续碰撞导致数据丢失的情况,提出了利用识别码来计算发射间隔防止连续碰撞的算法。该算法利用节点唯一识别码为每一个节点生成一组时间间隔序列,通过建模分析证明了节点采用该间隔序列发射能有效防止两个节点间的连续碰撞的情况出现。通过仿真实验对算法进行了验证,仿真结果表明该算法和同类算法相比能有效的降低节点漏读率。

(2) 讨论了纯发节点网络的压缩感知应用方式,针对单跳网络汇聚过程,建立了复合测量矩阵计算模型。该模型将数据汇聚过程分成单个节点的采集压缩和多个节点的汇聚传输,用两个测量矩阵进行表示,在汇聚接收端采用两个测量矩阵组成的复合测量矩阵对数据进行重构。分析了多种测量矩阵的复合方式,并比较了其相应的重构误差。结果表明时间相关性较弱的信号高斯测量矩阵和伯努利测量矩阵的恢复稳定性较好,时间相关性较强的信号随机测量矩阵恢复误差相对较小。

（3）利用多信道通信机制，设计了一个针对含纯发节点混合网络的媒体接入控制层协议。该协议将混合网中的收发节点和纯发节点安排到两个信道上进行工作，收发节点可以在两个信道同时工作，而所有的纯发节点在同一个信道工作。收发节点利用纯发节点计算发送间隔的随机数种子来预判接收时间，即能有效的接收纯发节点发射的数据同时还能利用时间间隙将数据上传。通过在基于 Contiki 系统的仿真平台上实现并仿真比较，该协议能在不增加网络能耗的情况下，有效的降低数据的相互干扰和通信冗余。

（4）讨论了混合网络中簇首负载均衡的问题，并设计了一个通过交换接收节点列表来实现簇首负载均衡的协议。为了解决含纯发节点网络中簇首节点能量消耗均衡问题，提出了簇首输入输出数据压缩比的概念，并通过建立数学模型推导出相邻簇首节点之间负载均衡的条件。设计的负载均衡协议要求簇首节点之间交换覆盖节点的列表，并利用负载均衡的条件，有序的建立接收节点列表。通过仿真实验和比较，仿真结果表明负载均衡协议能有效延长混合网络的生存时间。

（5）介绍了基于无线传感器网络的液压支柱压力检测系统的设计实现过程。该系统的传感节点均由纯发节点实现。在网络节点中基于 Contiki 系统分别实现了防连续碰撞协议，多信道媒体接入协议和负载均衡协议。并通过以井下工作面液压支柱工作现场等比例搭建的传感器网络测试了协议的工作性能，测试结果表明协议的效果符合设计目标。

（6）介绍了基于 Ad Hoc 网络的煤矿救灾机器人通信系统。在数据链路层的 MAC 子层上，采用了冲突避免的载波侦听机制和定时交替的分配协议；在 LLC 子层上，根据重传和确认机制，提出了一种全节点比例定时交替传输协议。在网络层提出了适用于救灾通信网络的路由算法。选路后，采用变速选频协议实现通信路径的建立。在实现了通信接口电路和中继节点的基础上，针对实际构建的实验系统进行了测试。实验表明，基于 Ad Hoc 网络的煤矿救灾机器人通信系统设计方案是有效的，可以用于煤矿救灾和应急通信场合，对相关产品的开发有很好的借鉴价值。

8.2 展望

本书基于纯发节点设计了一些媒体接入层和网络层的通信协议，并通过在工程项目中进行应用，做了一些验证工作。虽然取得了一定的成果，然而还需要进一步地完善，包括以下几个方面：

（1）本书提出的防连续碰撞算法只能防止两个节点之间的连续碰撞，虽然两个节点间的碰撞在所有出现的碰撞中占大部分，但是研究防止多节点的连续碰撞仍然是有价值的。

（2）本书只是针对压缩感知中测量矩阵的应用提出了一些计算模型，对数据恢复中采用的稀疏基和原始数据的稀疏性等方面需要进一步进行讨论，同时对原始信号的相关性也需要深入研究，在后续的研究中应综合考虑。

（3）本书设计的多信道媒体接入协议对节点的时钟准确性有较高的要求。而且在纯发节点部署密度较大时，收发节点只能通过放弃接收来实现数据上传，下一步应考虑采用多天线的工作方式来进一步优化协议。

（4）本书设计的簇首负载均衡协议中，接收节点列表的建立是通过迭代实现的，这可以很好地应用在簇首位置不变的静态网络中，如果应用在动态网络中需要做进一步的改进和测试。

含纯发节点的无线传感器网络虽然在应用上取得了一些进展，但是随着新的节能技术和无线通信技术的出现，必然会给网络的设计和应用带来更多的挑战。今后只有在更多的研究人员的努力下，才能推动其不断发展前进。

参 考 文 献

［1］AKYILDIZ I F,SU W,SANKARASUBRAMANIAM Y,et al. Wireless sensor networks:a survey［J］. Computer Networks,2002,38(4):393-422.

［2］孙利民. 无线传感器网络［M］. 北京:清华大学出版社,2005.

［3］BLASZCZYSZYN B,RADUNOVIC B. Using transmit-only sensors to reduce deployment cost of wireless sensor networks［C］//IEEE INFOCOM 2008 - The 27th Conference on Computer Communications. April 13-18,2008. Phoenix, AZ,USA. IEEE,2008:1202-1210.

［4］B OTIS, Y CHEE, J RABAEY. A 400uW-RX, 1. 6mW-TX super regenerative transceiver for wireless sensor networks［J］. IEEE International Solid-state Circuits Conference, 2005(1):396-606.

［5］SOUA R,MINET P. A survey on energy efficient techniques in wireless sensor networks［C］//2011 4th Joint IFIP Wireless and Mobile Networking Conference (WMNC 2011). October 26-28,2011. Toulouse,France. IEEE,2011:1-9.

［6］SHENG S,LYNN L,PEROULAS J,et al. A low-power CMOS chipset for spread spectrum communications［C］//1996 IEEE International Solid-State Circuits Conference. Digest of TEchnical Papers,ISSCC. San Francisco,CA,USA. IEEE, 1996: 346-347.

［7］N SOWMYA,N GURUPRASAD,M TECH. Empowering Multi-Hop Communication for Hybrid WSNs Using Transmit-Only Nodes［J］. International Journal of Engineering Science and Computing, 2014(6):613-617.

［8］ZHAO J,QIAO C M,YOON S,et al. Enabling multi-hop communications through cross-layer design for hybrid WSNs with transmit-only nodes［C］//2011 IEEE

Global Telecommunications Conference - GLOBECOM 2011. December 5-9,2011. Houston,TX,USA. IEEE,2011:1-5.

[9] HUEBNER C,CARDELL-OLIVER R,HANELT S,et al. Long-range wireless sensor networks with transmit-only nodes and software-defined receivers[J]. Wireless Communications and Mobile Computing,2013,13(17):1499-1510.

[10] LIN J S,LIU C Z. A monitoring system based on wireless sensor network and an SoC platform in precision agriculture[C]//2008 11th IEEE International Conference on Communication Technology. November 10-12, 2008. Hangzhou. IEEE, 2008: 2(5):101-104.

[11] ORNDORFF A M. Transceiver Design for Ultra-Wideband Communications[J]. Virginia Polytechnic Institute & State University, 2004.

[12] INTILLE S S,LARSON K,TAPIA E M,et al. Using a live-In laboratory for ubiquitous computing research[C]//Lecture Notes in Computer Science. Berlin,Heidelberg:Springer Berlin Heidelberg,2006:349-365.

[13] KRUMM J. Ubiquitous advertising:the killer application for the 21st century[J]. IEEE Pervasive Computing,2011,10(1):66-73.

[14] CHEN M,GONZALEZ S,VASILAKOS A,et al. Body area networks:a survey [J]. Mobile Networks and Applications,2011,16(2):171-193.

[15] CALLAWAY E,GORDAY P,HESTER L,et al. Home networking with IEEE 802. 15. 4:a developing standard for low-rate wireless personal area networks[J]. IEEE Communications Magazine,2002,40(8):70-77.

[16] ZAMORA G,PAREDES F,HERRAIZ-MARTÍNEZ F J,et al. Bandwidth limitations of ultra high frequency - radio frequency identification tags[J]. IET Microwaves,Antennas & Propagation,2013,7(10):788-794.

[17] SHIH D H,SUN P L,YEN D C,et al. Taxonomy and survey of RFID anti-collision protocols[J]. Computer Communications,2006,29(11):2150-2166.

[18] ABRAMSON N. THE ALOHA SYSTEM:another alternative for computer communications[C]//Proceedings of the November 17-19,1970,fall joint computer conference. November 17 - 19,1970,Houston,Texas. ACM,1970:281 - 285.

[19] ZHEN B,KOBAYASHI M,SHIMIZU M. To read transmitter-only RFID tags with confidence[C]//2004 IEEE 15th International Symposium on Personal, In-

door and Mobile Radio Communications (IEEE Cat. No. 04TH8754). Barcelona, Spain. IEEE，2004(1):396-400.

[20] BLASZCZYSZYN B,RADUNOVIC B. M/D/1/1 loss system with interference and applications to transmit-only sensor networks[C]//2007 5th International Symposium on Modeling and Optimization in Mobile,Ad Hoc and Wireless Networks and Workshops. April 16-20,2007. Limassol,Cyprus. IEEE,2007:402-416.

[21] TANENBAUM A S. Computer networks[M]. 4-th edition. Upper Saddle River :Prentice Hall,2003.

[22] GALLUCCIO L,MORABITO G,PALAZZO S. TC-aloha:a novel access scheme for wireless networks with transmit-only nodes[J]. IEEE Transactions on Wireless Communications,2013,12(8):3696-3709.

[23] ANANTHARAM V,VERDU S. Bits through queues[J]. IEEE Transactions on Information Theory,1996,42(1):4-18.

[24] CARDELL-OLIVER R,WILLIG A,HUEBNER C,et al. Error control strategies for transmit-only sensor networks:a case study[C]//2012 18th IEEE International Conference on Networks (ICON). December 12-14,2012. Singapore,Singapore. IEEE,2012:453-458.

[25] PARSCH P,MASRUR A,HARDT W. Designing reliable home-automation networks based on unidirectional nodes[C]//Proceedings of the 9th IEEE International Symposium on Industrial Embedded Systems (SIES 2014). June 18-20, 2014. Pisa. IEEE,2014:88-95.

[26] PARSCH P,MASRUR A. A reliability-aware medium access control for unidirectional time-constrained WSNs[C]//Proceedings of the 23rd International Conference on Real Time and Networks Systems. November 4 - 6,2015,Lille,France. ACM,2015:297 - 306.

[27] MALOCO J,MCLOONE S. A suitable MAC protocol for transmit-only sensor nodes in a housing community wireless network[C]//China-Ireland International Conference on Information and Communications Technologies (CIICT 2007). Dublin,Ireland. IEE,2007:531-538.

[28] ZHANG Y,BHANAGE G,TRAPPE W,et al. Facilitating an active transmit-only RFID system through receiver-based processing[C]//2007 4th Annual IEEE

Communications Society Conference on Sensor, Mesh and Ad Hoc Communications and Networks. June 18-21, 2007. IEEE, 2007:421-430.

[29] MAZUREK G. Collision-resistant transmission scheme for active RFID systems [C]//EUROCON 2007 - The International Conference on \"Computer as a Tool \". September 9-12, 2007. Warsaw, Poland. IEEE, 2007:2517-2520.

[30] MAZUREK G. Design of RFID system with DS-CDMA transmission[C]//2008 IEEE International Conference on Automation Science and Engineering. August 23-26, 2008. Arlington, VA. IEEE, 2008:703-708.

[31] BHANAGE G D, ZHANG Y, ZHANG Y Y, et al. RollCall: the design for A low-cost and power efficient active RFID asset tracking system[C]//EUROCON 2007 - The International Conference on \"Computer as a Tool\". September 9-12, 2007. Warsaw, Poland. IEEE, 2007:2521-2528.

[32] ZENG J Q, MINN H, TAMIL L S. Time hopping direct-sequence CDMA for asynchronous transmitter-only sensors[C]//MILCOM 2008 - 2008 IEEE Military Communications Conference. November 16-19, 2008. San Diego, CA, USA. IEEE, 2008:16-19.

[33] YOON S, QIAO C M, SUDHAAKAR R S, et al. QoMOR: a QoS-aware MAC protocol using Optimal Retransmission for Wireless Intra-Vehicular Sensor Networks [C]//2007 Mobile Networking for Vehicular Environments. May 11, 2007. Anchorage, AK. IEEE, 2007:121-126.

[34] SUDHAAKAR R S, YOON S, ZHAO J, et al. A novel QoS-aware MAC scheme using optimal retransmission for wireless networks[J]. IEEE Transactions on Wireless Communications, 2009, 8(5):2230-2235.

[35] CANDES E J. Compressive sampling[J]. Marta Sanz Solé, 2006, 17(2):1433-1452.

[36] DONOHO D L. Compressed sensing[J]. IEEE Transactions on Information Theory, 2006, 52(4):1289-1306.

[37] FAZEL F, FAZEL M, STOJANOVIC M. Random access compressed sensing for energy-efficient underwater sensor networks[J]. IEEE Journal on Selected Areas in Communications, 2011, 29(8):1660-1670.

[38] HOOSHMAND M, ROSSI M, ZORDAN D, et al. Covariogram-based compressive

sensing for environmental wireless sensor networks[J]. IEEE Sensors Journal, 2016,16(6):1716-1729.

[39] ZHAO J,SUDHAAKAR R S,YOON S,et al. Constrained scheduling in hybrid wireless sensor networks with transmit-only nodes[C]//2010 IEEE International Conference on Communications. May 23-27, 2010. Cape Town, South Africa. IEEE,2010:1-5.

[40] ZHAO J,SUDHAAKAR R S,QIAO C M. Providing reliable data services in hybrid WSNs with transmit-only nodes[C]//2010 IEEE Global Telecommunications Conference GLOBECOM 2010. December 6-10, 2010. Miami, FL, USA. IEEE, 2010:1-5.

[41] ZHAO J,QIAO C M,SUDHAAKAR R S,et al. Improve efficiency and reliability in single-hop WSNs with transmit-only nodes[J]. IEEE Transactions on Parallel and Distributed Systems,2013,24(3):520-534.

[42] TAS B,TOSUN A S. Data collection using transmit-only sensors and a mobile robot in wireless sensor networks[C]//2012 21st International Conference on Computer Communications and Networks (ICCCN). July 30-August 2,2012. Munich, Germany. IEEE,2012:1-9.

[43] YUCE M R,KEONG H C,CHAE M S. Wideband communication for implantable and wearable systems[J]. IEEE Transactions on Microwave Theory and Techniques,2009,57(10):2597-2604.

[44] KEONG H C,THOTAHEWA K M S,YUCE M R. Transmit-only ultra wide band body sensors and collision analysis[J]. IEEE Sensors Journal,2013,13(5): 1949-1958.

[45] HO C K,YUCE M R. Transmit only UWB body area network for medical applications[C]//2009 Asia Pacific Microwave Conference. December 7-10,2009. Singapore,Singapore. IEEE,2009.

[46] KEONG H C,YUCE M R. Analysis of a multi-access scheme and asynchronous transmit-only UWB for wireless body area networks[J]. Annual International Conference of the IEEE Engineering in Medicine and Biology Society IEEE Engineering in Medicine and Biology Society Annual International Conference, 2009: 6906-6909.

[47] ROWE N C,FATHY A E,KUHN M J,et al. A UWB transmit-only based scheme for multi-tag support in a millimeter accuracy localization system[C]//2013 IEEE Topical Conference on Wireless Sensors and Sensor Networks (WiSNet). January 20-23,2013. Austin,TX,USA. IEEE,2013:7-9.

[48] LI Z,GIELEN G. UWB signal acquisition in transmit-only networks[C]//2011 IEEE International Conference on Ultra-Wideband (ICUWB). September 14-16, 2011. Bologna. IEEE,2011:126-129.

[49] BIELEFELD D,MATHAR R. Distributed detection with transmit-only sensors and a successive interference cancellation receiver[C]//2009 IEEE International Symposium on Signal Processing and Information Technology (ISSPIT). December 14-17,2009. Ajman,United Arab Emirates. IEEE,2009:207-212.

[50] LI Z,GIELEN G. Managing packet collisions in scavenging-based ULP transmit-only indoor localization systems[C]//2008 11th IEEE Singapore International Conference on Communication Systems. November 19-21,2008. Guangzhou,China. IEEE,2008:133-137.

[51] RADUNOVIC B,TRUONG H L,WEISENHORN M. Receiver architectures for UWB-based transmit-only sensor networks[C]//2005 IEEE International Conference on Ultra-Wideband. Zurich,Switzerland. IEEE.

[52] MISHRA P K,STEWART R F,BOLIC M,et al. RFID in underground-mining service applications[J]. IEEE Pervasive Computing,2014,13(1):72-79.

[53] 叶晨成,校景中,肖丽. 基于 RFID 的井下人员定位系统[J]. 武汉理工大学学报, 2010,32(15):146-149.

[54] Björn Nilsson, Lars Bengtsson, Bertil Svensson. An Energy and Application Scenario Aware Active RFID Protocol[J]. EURASIP Journal on Wireless Communications and Networking, 2010, 2010(2):1-15.

[54] NILSSON B,BENGTSSON L,SVENSSON B. An energy and application scenario aware active RFID protocol[J]. EURASIP Journal on Wireless Communications and Networking, 2010, 2010(2):1-15.

[55] AGARWAL A,RAGHUWANSHI G S,MEENA N K,et al. Real time location estimation using active RFID system[C]//2008 International Conference on Recent Advances in Microwave Theory and Applications. November 21-24,2008. Jaipur,

Rajasthan,India. IEEE,2008:540-542.

[56] EGEA-LÓPEZ E,VALES-ALONSO J,MARTÍNEZ-SALA A S,et al. Perform-ance evaluation of non-persistent CSMA as anti-collision protocol for active RFID tags[C]//International Conference on Wired/Wireless Internet Communications. Berlin,Heidelberg:Springer,2007:279-289.

[57] ZHANG Y P,ZHAO D D. A new dynamic frame slotted ALOHA-algorithm for anti-collision in RFID systems[C]//2008 China-Japan Joint Microwave Confer-ence. September 10-12,2008. Shanghai,China. IEEE,2008:502-506.

[58] FENG S,GAO F,XUE Y M,et al. Review of studies of tag anti-collision algo-rithm in RFID[C]//Proceedings of the 2009 International Conference on Wireless Networks and Information Systems. ACM,2009:121 - 124.

[59] ZLMMERLING M,FERRARI F,MOTTOLA L,et al. pTUNES:Runtime param-eter adaptation for low-power MAC protocols[C]//2012 ACM/IEEE 11th Inter-national Conference on Information Processing in Sensor Networks (IPSN). Bei-jing,China. IEEE,2012:173-184.

[60] CHOUDHURY G L,RAPPARORT S S. Diversity ALOHA - A random access scheme for satellite communications[J]. IEEE Transactions on Communications, 1983,31:450-457.

[61] SU S L, LI V. Comments on Diversity ALOHA[J]. IEEE Transactions on Com-munications, 1984, 32(10):1143-1145.

[62] INCITS B S R. Real Time Locating Systems (RTLS) - Part 2: 433-MHz Air In-terface Protocol[J]. American National Standards Institute. 2003.

[63] JI Y C,XU Z,FENG Q Z,et al. Concurrent collision probability of RFID tags in underground mine personnel position systems[J]. Mining Science and Technology (China),2010,20(5):734-737.

[64] MASSEY J, MATHYS P. The collision channel without feedback[J]. IEEE Transactions on Information Theory,1985,31(2):192-204.

[65] NGUYEN Q A,GYORFI L,MASSEY J L. Constructions of binary constant-weight cyclic codes and cyclically permutable codes[J]. IEEE Transactions on In-formation Theory,1992,38(3):940-949.

[66] MORENO O,ZHANG Z,KUMAR P V,et al. New constructions of optimal cycli-

cally permutable constant weight codes[J]. IEEE Transactions on Information Theory,1995,41(2):448-455.

[67] SHAAR A A,DAVIES P A. Prime sequences:quasi-optimal sequences for OR channel code division multiplexing[J]. Electronics Letters,1983,19(21):888.

[68] WONG W S. New protocol sequences for random-access channels without feedback[J]. IEEE Transactions on Information Theory,2007,53(6):2060-2071.

[69] INDYK P. Sparse recovery using sparse random matrices[C]//Latin American Symposium on Theoretical Informatics. Berlin, Heidelberg:Springer, 2010:157-157.

[70] HAUPT J,BAJWA W U,RABBAT M,et al. Compressed sensing for networked data[J]. IEEE Signal Processing Magazine,2008,25(2):92-101.

[71] CANDES E J,ROMBERG J,TAO T. Robust uncertainty principles:exact signal reconstruction from highly incomplete frequency information[J]. IEEE Transactions on Information Theory,2006,52(2):489-509.

[72] MALLAT S G,ZHANG Z F. Matching pursuits with time-frequency dictionaries [J]. IEEE Transactions on Signal Processing,1993,41(12):3397-3415.

[73] BAH B,TANNER J. Improved bounds on restricted isometry constants for Gaussian matrices[J]. SIAM Journal on Matrix Analysis and Applications,2010,31(5):2882-2898.

[74] YU L,BARBOT J P,ZHENG G,et al. Compressive sensing with chaotic sequence [J]. IEEE Signal Processing Letters,2010,17(8):731-734.

[75] VAN DEN BERG P M,GHIJSEN W J. A spectral iterative technique with Gram-Schmidt orthogonalization[J]. IEEE Transactions on Microwave Theory and Techniques,1988,36(4):769-772.

[76] WOJTASZCZYK P. Stability and instance optimality for Gaussian measurements in compressed sensing[J]. Foundations of Computational Mathematics,2010,10 (1):1-13.

[77] DAVIES R H,TWINING C J,TAYLOR C J. Consistent spherical parameterisation for statistical shape modelling[C]//3rd IEEE International Symposium on Biomedical Imaging:Macro to Nano,2006. Arlington, Virginia, USA. IEEE, 2006:1388-1391.

[78] ZHANG G S,JIAO S H,XU X L,et al. Compressed sensing and reconstruction with bernoulli matrices[C]//The 2010 IEEE International Conference on Information and Automation. June 20-23,2010. Harbin,China. IEEE,2010:455-460.

[79] Lecomte R. Nuclear Science Symposium[C]// Nuclear Science Symposium, 2012:9-9.

[80] SEBERT F,ZOU Y M,YING L. Toeplitz block matrices in compressed sensing and their applications in imaging[C]//2008 International Conference on Technology and Applications in Biomedicine. May 30-31, 2008. Shenzhen, China. IEEE, 2008:47-50.

[81] ZORDAN D,QUER G,ZORZI M,et al. Modeling and generation of space-time correlated signals for sensor network fields[C]//2011 IEEE Global Telecommunications Conference - GLOBECOM 2011. December 5-9,2011. Houston,TX,USA. IEEE,2011:1-6.

[82] RAMAN B,CHEBROLU K,BIJWE S,et al. PIP:a connection-oriented,multi-hop,multi-channel TDMA-based MAC for high throughput bulk transfer[C]// Proceedings of the 8th ACM Conference on Embedded Networked Sensor Systems. November 3 - 5,2010,Zürich,Switzerland. ACM,2010:15 - 28.

[83] KIM Y,SHIN H,CHA H. Y-MAC:an energy-efficient multi-channel MAC protocol for dense wireless sensor networks[C]//2008 International Conference on Information Processing in Sensor Networks (ipsn 2008). April 22-24,2008. St. Louis,MO,USA. IEEE,2008:53-63.

[84] INCEL O D,VAN HOESEL L,JANSEN P,et al. MC-LMAC:a multi-channel MAC protocol for wireless sensor networks[J]. Ad Hoc Networks,2011,9(1):73-94.

[85] AL NAHAS B,DUQUENNOY S,IYER V,et al. Low-power listening goes multi-channel[C]//2014 IEEE International Conference on Distributed Computing in Sensor Systems. May 26-28,2014. Marina Del Rey,CA,USA. IEEE,2014:2-9.

[86] DUNKELS A. The ContikiMAC radio duty cycling protocol[J]. Swedish Institute of Computer Science. 2012:1-11.

[87] The art of computer programming,volume 2 (3rd ed.):seminumerical algorithms [M]. 75 Arlington Street,Suite 300 Boston,MA:Addison-Wesley Longman Pub-

lishing Co. ,Inc. ,

[88] GUPTA G,YOUNIS M. Load-balanced clustering of wireless sensor networks[C]//IEEE International Conference on Communications,2003. ICC '03. Anchorage,AK,USA. IEEE, 2003(3):1848-1852.

[89] BARI A,JAEKEL A,BANDYOPADHYAY S. Maximizing the lifetime of two-tiered sensor networks[C]//2006 IEEE International Conference on Electro/Information Technology. May 7, 2006. East Lansing, MI, USA. IEEE, 2006:222-226.

[90] BARI A,LUO F Y,JAEKEL A, et al. Routing-aware clustering algorithms for two-tiered sensor networks[J]. International Journal of Distributed Sensor Networks,2011,7(1):797916.

[91] BARI A,JAEKEL A,BANDYOPADHYAY S. Distributed clustering around relay nodes in sensor networks[C]//2008 IEEE Globecom Workshops. November 30-December 4,2008. New Orleans,Louisiana,USA. IEEE,2008:1-5.

[92] HEINZELMAN W R,CHANDRAKASAN A,BALAKRISHNAN H. Energy-efficient communication protocol for wireless microsensor networks[C]//Proceedings of the 33rd Hawaii International Conference on System Sciences-Volume 8 - Volume 8. ACM, 2000:3005--3014.

[93] GUPTA G,YOUNIS M. Performance evaluation of load-balanced clustering of wireless sensor networks[C]//10th International Conference on Telecommunications,2003. ICT 2003. Papeete, Tahiti, French Polynesia. IEEE, 2003(2):1577-1583.

[94] BARI A,JAEKEL A,BANDYOPADHYAY S. Clustering strategies for improving the lifetime of two-tiered sensor networks[J]. Computer Communications,2008,31(14):3451-3459.

[95] 滕文虎.应用新型单体液压支柱技术增强环保意识[J].矿业安全与环保,2009,36(S1):210-212.

[96] 漆旺生,朱锴,李建堂.如何当好抢险救灾总指挥[J].劳动保护科学技术,1998,(5):21-22.

[97] 王忠民.灾难搜救机器人研究现状与发展趋势[J].现代电子技术,2007,30(17):152-155.

[98] 赵荣黎.数字移动通信传播特性预测及信道模型的研究[J].北方交通大学学报,
1997,21(5):495-498.

[99] GUNGOR,V CAGRI,G P HANCKE.Industrial Wireless Sensor Networks:
Applications,Protocols,and Standards[M].Leiden:CRC Press,2017.

[100] 孙献璞,张艳玲.自组织网络的互同步技术研究[J].西安电子科技大学学报(自然
科学版),2005,32(2):216-219.

[101] 邓梁,孙献璞,李便莉,Ad Hoc 网络中分布式时隙同步技术研究[J].电子科技,
2005,11.

[102] 罗义军.Ad hoc 网络中时间同步方法的研究[J].长江大学学报(自然科学版)理
工卷,2007,4(1):63-65.

[103] 朱崇灿,黄景熙.天线[M].武汉:武汉大学出版社,1996.

[104] 吴键,袁慎芳,殷悦,等.基于 ZigBee 技术的无线传感器网络及其应用研究[J].测
控技术,2008,27(1):13-16.

[105] 吴键,袁慎芳.无线传感器网络节点的设计和实现[J].仪器仪表学报,2006,27
(9):1120-1124.